Heidelberger Taschenbücher Band 143

Theodor Bröcker · Klaus Jänich

Einführung in die Differentialtopologie

Korrigierter Nachdruck

Mit 153 Abbildungen

Springer-Verlag
Berlin Heidelberg New York London
Paris Tokyo Hong Kong Barcelona

Theodor Bröcker
Professor an der Universität Regensburg

Klaus Jänich
o. Professor an der Universität Regensburg

Mathematics Subject Classification (1980): 58 A 02

ISBN-13: 978-3-540-06461-9   e-ISBN-13: 978-3-642-61969-4
DOI: 10.1007/978-3-642-61969-4

CIP-Titelaufnahme der Deutschen Bibliothek
Bröcker, Theodor: Einführung in die Differentialtopologie / Theodor Bröcker ;
Klaus Jänich. - Korrigierter Nachdr. - Berlin ; Heidelberg ; New York ; London ;
Paris ; Tokyo ; Hong Kong ; Barcelona : Springer, 1990
ISBN-13: 978-3-540-06461-9

NE: Jänich, Klaus:
WG: 27   DBN 90.132446.9   90.09.18   8059   rr

Dieses Werk ist urheberrechtlich geschützt. Die dadurch begründeten Rechte, insbesondere die der Übersetzung, des Nachdrucks, des Vortrags, der Entnahme von Abbildungen und Tabellen, der Funksendung, der Mikroverfilmung oder der Vervielfältigung auf anderen Wegen und der Speicherung in Datenverarbeitungsanlagen bleiben, auch bei nur auszugsweiser Verwertung, vorbehalten. Eine Vervielfältigung dieses Werkes oder von Teilen dieses Werkes ist auch im Einzelfall nur in den Grenzen der gesetzlichen Bestimmungen des Urheberrechtsgesetzes der Bundesrepublik Deutschland vom 9. September 1965 in der jeweils geltenden Fassung zulässig.

Springer-Verlag Berlin Heidelberg New York
ein Unternehmen von Springer Science+Business Media

© Springer-Verlag Berlin Heidelberg 1973 und 1990
  Softcover reprint of the hardcover 1st edition 1990

Die Wiedergabe von Gebrauchsnamen, Handelsnamen, Warenbezeichnungen usw. in diesem Werk berechtigt auch ohne besondere Kennzeichnung nicht zu der Annahme, daß solche Namen im Sinne der Warenzeichen- und Markenschutz-Gesetzgebung als frei zu betrachten wären und daher von jedermann benutzt werden dürften.

Druck u. Bindearbeiten: Druck Partner Rübelmann

44/3111 - 543 - Gedruckt auf säurefreiem Papier

Vorwort

Das Ziel dieses Buches ist, die eigentlich elementargeometrischen Methoden der Differentialtopologie darzustellen. Es richtet sich an Studenten mit Grundkenntnissen in Analysis und allgemeiner Topologie.

Wir beweisen Einbettungs-, Isotopie- und Transversalitätssätze und behandeln als wichtige Techniken den Satz von Sard, Partitionen der Eins, dynamische Systeme und (nach Serge Langs Vorbild) Sprays, die zusammenhängende Summe, Tubenumgebungen, Kragen und das Zusammenkleben von berandeten Mannigfaltigkeiten längs des Randes.

Wir haben, wie wohl heute jeder jüngere Topologe, aus Milnors Schriften [4, 5, 6] selbst viel gelernt, wovon sich mancherlei Spuren im Text finden, und auch Serge Langs vorzügliche Darstellung [3] haben wir gelegentlich benutzt – was ängstlich zu vermeiden einem Buch über Differentialtopologie ja auch nicht gut tun könnte.

Die jedem Kapitel reichlich beigefügten Übungsaufgaben sind für einen Anfänger nicht immer leicht; im Text werden sie nicht benutzt.

Nicht behandelt sind in diesem Buch die Analysis auf Mannigfaltigkeiten (Satz von Stokes), die Morse-Theorie, die algebraische Topologie der Mannigfaltigkeiten und die Bordismentheorie. Wir hoffen aber, daß sich unser Buch als eine solide Grundlage für die nähere Bekanntschaft mit diesen weiterführenden Gebieten der Differentialtopologie erweisen wird.

In diesem korrigierten Nachdruck sind zahlreiche kleine Versehen, die uns bekanntgeworden sind, berichtigt und einige Aufgaben hinzugekommen. Für Hinweise danken wir Kollegen und vielen interessierten Lesern.

Regensburg, im August 1990

Theodor Bröcker
Klaus Jänich

Inhaltsverzeichnis

§ 1. Mannigfaltigkeiten und differenzierbare Strukturen ... 1
§ 2. Der Tangentialraum ... 13
§ 3. Vektorraumbündel ... 22
§ 4. Lineare Algebra für Vektorraumbündel ... 34
§ 5. Lokale und tangentiale Eigenschaften ... 45
§ 6. Der Satz von Sard ... 58
§ 7. Einbettung ... 64
§ 8. Dynamische Systeme ... 76
§ 9. Isotopien von Einbettungen ... 90
§ 10. Die zusammenhängende Summe ... 101
§ 11. Differentialgleichungen 2. Ordnung und Sprays ... 113
§ 12. Exponentialabbildung und Tubenumgebungen ... 121
§ 13. Berandete Mannigfaltigkeiten ... 136
§ 14. Transversalität ... 153
Literaturverzeichnis ... 163
Verzeichnis der Symbole ... 164
Namen- und Sachverzeichnis ... 165

§ 1. Mannigfaltigkeiten und differenzierbare Strukturen

Eine Mannigfaltigkeit ist ein topologischer Raum, der „lokal so aussieht" wie der $\mathbb{R}^n$, der euklidische Raum der reellen n-tupel $x = (x_1, \ldots, x_n)$ mit der üblichen Topologie. Solche Räume entstehen, wie wir noch sehen werden, im allgemeinen als Lösungsmannigfaltigkeit nicht linearer Gleichungssysteme, und viele Begriffe der allgemeinen Topologie sind aus dem Studium dieser speziellen Räume hervorgegangen. Wir kommen zur genauen Erklärung:

(1.1) Definition. Eine *n-dimensionale topologische Mannigfaltigkeit* M^n ist ein topologischer Hausdorff-Raum mit abzählbarer Basis der Topologie, der lokal homöomorph zum $\mathbb{R}^n$ ist. Die letzte Bedingung bedeutet, daß es zu jedem Punkt $p \in M$ eine offene Umgebung U von p und einen Homöomorphismus

$$h: U \to U'$$

mit einer offenen Menge $U' \subset \mathbb{R}^n$ gibt.

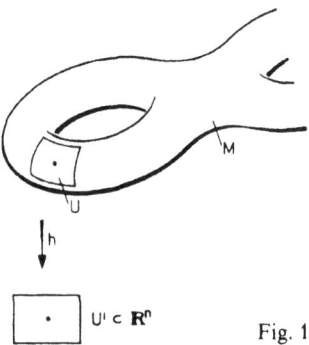

Fig. 1

Die Forderung, daß der Raum hausdorffsch sei, folgt nicht aus dieser lokalen Bedingung, wie man glauben könnte. Als Gegenbeispiel wählt man die reelle

Gerade $\mathbb{R}$ zusammen mit einem zusätzlichen Punkt p, und erklärt die Topologie auf $M = \mathbb{R} \cup \{p\}$ dadurch, daß $\mathbb{R} \subset M$ offen ist, und

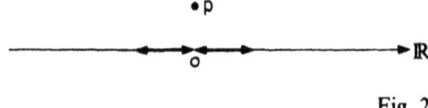

Fig. 2

die Umgebungen von p die Mengen $(U - \{0\}) \cup \{p\}$ sind, wo U eine Umgebung von $0 \in \mathbb{R}$ ist.

Beispiele topologischer Mannigfaltigkeiten sind:
  Jede offene Teilmenge eines euklidischen Raumes.
  Die n-Sphäre $S^n = \{x \in \mathbb{R}^{n+1} \mid |x| = 1\}$.
  Der Torus, die Oberfläche eines Tennisringes (1.8).

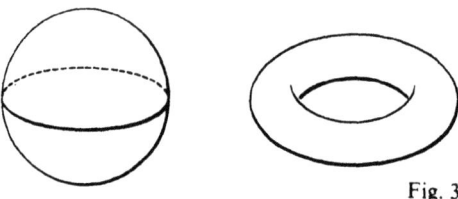

Fig. 3

(1.2) Definition. Ist M^n eine topologische Mannigfaltigkeit und $h: U \to U'$ ein Homöomorphismus einer offenen Teilmenge $U \subset M$ mit der offenen Teilmenge $U' \subset \mathbb{R}^n$, so heißt h eine *Karte* von M, und U das zugehörige *Kartengebiet*. Eine Menge von Karten $\{h_\alpha \mid \alpha \in A\}$ mit Gebieten U_α heißt *Atlas* von M, wenn $\bigcup_{\alpha \in A} U_\alpha = M$.

Zu zwei Karten h_α, h_β sind auf dem Durchschnitt ihrer Gebiete $U_{\alpha\beta} := U_\alpha \cap U_\beta$ beide Homöomorphismen h_α, h_β definiert, und man erhält daher einen *Kartenwechsel* $h_{\alpha\beta}$ als Homöomorphismus zwischen offenen Mengen des $\mathbb{R}^n$ durch das kommutative Diagramm:

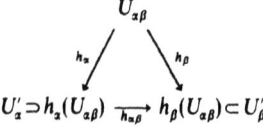

also $h_{\alpha\beta} = h_\beta \circ h_\alpha^{-1}$, wo letztere Abbildung definiert ist.

Gelegentlich finden wir es bequem, das Definitionsgebiet einer Abbildung, insbesondere einer Karte, mitzunotieren, und schreiben (h, U) für eine Abbildung $h: U \to U'$.

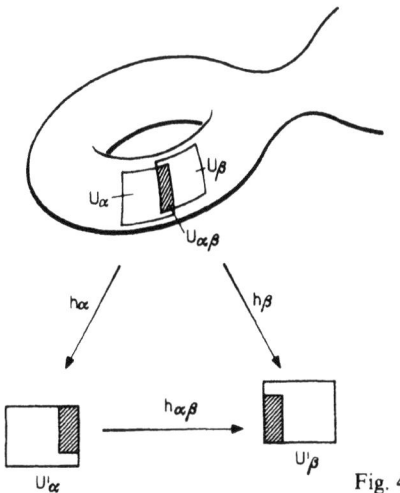

Fig. 4

Denkt man sich die ganze Mannigfaltigkeit aus den Kartengebieten, die man kennt so gut man eben offene Teilmengen des euklidischen Raumes kennt, durch Verkleben zusammengesetzt, so geben die Kartenwechsel gerade an, wie verschiedene Kartengebiete miteinander zu verkleben sind. Will man nun über das Topologische hinausgehende zusätzliche Eigenschaften offener euklidischer Mengen mithilfe eines geeigneten Atlanten auch auf Mannigfaltigkeiten erklären, so hat man darauf zu achten, daß die Definitionen von der Wahl der jeweiligen Karte im Atlas unabhängig ist, oder daß die betrachtete Eigenschaft gegen Kartenwechsel des Atlanten invariant ist.

(1.3) Definition. Ein Atlas einer Mannigfaltigkeit heißt *differenzierbar*, wenn alle seine Kartenwechsel differenzierbar sind.

Dabei wollen wir unter einer *differenzierbaren Abbildung* zwischen offenen Teilmengen des $\mathbb{R}^n$ hier und im folgenden eine C^∞-Abbildung, also eine Abbildung verstehen, deren sämtliche partielle Ableitungen existieren und stetig sind. Weil für Kartenwechsel $h_{\alpha\beta}$ offenbar (wo die jeweiligen Abbildungen definiert sind) gilt:

$$h_{\alpha\alpha} = \mathrm{Id}, \quad h_{\beta\gamma} \circ h_{\alpha\beta} = h_{\alpha\gamma}, \quad \text{also } h_{\alpha\beta}^{-1} = h_{\beta\alpha},$$

sind auch die Inversen der Kartenwechsel differenzierbar, oder die Kartenwechsel sind Diffeomorphismen.

Ist $\mathfrak{A}$ ein differenzierbarer Atlas auf der Mannigfaltigkeit M, so enthalte der Atlas $\mathfrak{D} = \mathfrak{D}(\mathfrak{A})$ genau alle die Karten, für die jeder Kartenwechsel mit einer Karte aus $\mathfrak{A}$ differenzierbar ist. Der Atlas $\mathfrak{D}$ ist dann ebenfalls differenzierbar, denn lokal kann man einen Kartenwechsel $h_{\beta\gamma}$ in $\mathfrak{D}$ als Zusammensetzung $h_{\beta\gamma} = h_{\alpha\gamma} \circ h_{\beta\alpha}$ von Kartenwechseln mit einer Karte $h_\alpha \in \mathfrak{A}$ schreiben, und Differenzierbarkeit ist eine lokale Eigenschaft. Der Atlas $\mathfrak{D}$ ist unter den differenzierbaren Atlanten offenbar maximal, nicht durch Hinzunahme weiterer Karten zu vergrößern, und ist der größte differenzierbare Atlas, der $\mathfrak{A}$ enthält. So bestimmt jeder differenzierbare Atlas $\mathfrak{A}$ eindeutig einen maximalen differenzierbaren Atlas $\mathfrak{D}(\mathfrak{A})$, so daß $\mathfrak{A} \subset \mathfrak{D}(\mathfrak{A})$; und $\mathfrak{D}(\mathfrak{A}) = \mathfrak{D}(\mathfrak{B})$ genau wenn der Atlas $\mathfrak{A} \cup \mathfrak{B}$ differenzierbar ist. Wir erklären:

(1.4) Definition. Eine *differenzierbare Struktur* auf einer topologischen Mannigfaltigkeit ist ein maximaler differenzierbarer Atlas. Eine *differenzierbare Mannigfaltigkeit* ist eine topologische Mannigfaltigkeit zusammen mit einer differenzierbaren Struktur.

Um eine differenzierbare Struktur auf einer Mannigfaltigkeit anzugeben, hat man einen differenzierbaren Atlas anzugeben, und diesen wird man im allgemeinen natürlich nicht maximal, sondern vielmehr möglichst klein wählen.

Von allen Karten und Atlanten einer differenzierbaren Mannigfaltigkeit mit differenzierbarer Struktur $\mathfrak{D}$ wollen wir fortan stillschweigend annehmen, daß sie in $\mathfrak{D}$ enthalten sind. In der Bezeichnung schreiben wir wie üblich kurz M, und nicht $(M, \mathfrak{D})$ für eine differenzierbare Mannigfaltigkeit.

(1.5) Beispiele. (a) Ist $U \subset \mathbb{R}^n$ eine offene Teilmenge, so definiert der Atlas $\{\mathrm{Id}_U\}$, welcher die eine Karte $id: U \to U$ enthält, die übliche differenzierbare Struktur. Aber auch jeder Homöomorphismus $h: U \to U$ definiert einen differenzierbaren Atlas $\{h\}$, welcher genau dann dieselbe differenzierbare Struktur wie $\{\mathrm{Id}\}$ definiert, wenn h diffeomorph ist. Man kann also auf einer offenen Menge des $\mathbb{R}^n$ für $n > 0$ leicht verschiedene differenzierbare Strukturen erklären, jedoch erhält man durch Atlanten mit nur einer Karte $h: U \to U$, wie wir noch sehen werden, nicht wesentlich verschiedene differenzierbare Mannigfaltigkeiten.

(b) Die Sphäre $S^n = \{x \in \mathbb{R}^{n+1} \mid |x| := \sqrt{x_1^2 + \cdots + x_{n+1}^2} = 1\}$ besitzt einen differenzierbaren Atlas, dessen differenzierbare Struktur wir auf S^n als Standardstruktur immer eingeführt denken wollen. Kartengebiete sind die Mengen

$$U_{kj} = \{x \in S^n \mid (-1)^j x_k > 0\},$$

die Karten sind

$$h_{kj}: U_{kj} \to \mathring{D}^n = \{x \in \mathbb{R}^n \mid |x| < 1\} \quad \text{(offene Vollkugel)}$$

$$x \mapsto (x_0, \ldots, x_{k-1}, x_{k+1}, \ldots, x_n)$$

die Karte h_{kj} vergißt also die k-te Koordinate. Es ist leicht zu verifizieren, daß dieser Atlas differenzierbar ist, denn die Abbildung $h_{kj}^{-1}: \mathring{D}^n \to S^n$ hat die (in $\mathring{D}^n$ fehlende) k-te Koordinate $(-1)^j \left(1 - \sum_{i \ne k} x_i^2\right)^{\frac{1}{2}}$, was auf $\mathring{D}^n$ offenbar eine im gewöhnlichen Sinne differenzierbare Funktion ist, und h_{kj} entsteht durch Einschränkung einer differenzierbaren Abbildung $\mathbb{R}^{n+1} \to \mathbb{R}^n$.

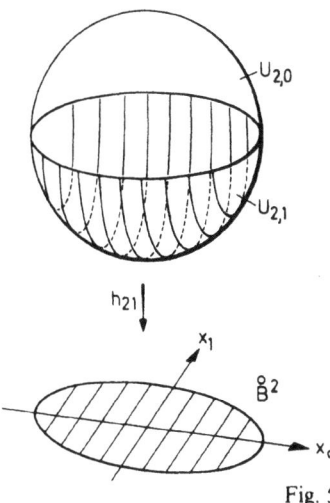

Fig. 5

(c) Der reelle projektive Raum $\mathbb{R}P^n$ ist der Quotientenraum der Sphäre S^n nach der Äquivalenzrelation, die von $x \sim -x$ erzeugt ist. Ein Punkt $p \in \mathbb{R}P^n$ wird durch

$$p = [x] = [x_0, \ldots, x_n] = [-x_0, \ldots, -x_n], \quad \sum_{i=0}^{n} x_i^2 = 1,$$

beschrieben. Die Äquivalenzrelation identifiziert gerade jeweils die Teilmengen $U_{k,0}$ und $U_{k,1}$ der Sphäre. Also sind die Mengen

$$U_k = \{[x] \in \mathbb{R}P^n \mid x_k \neq 0\}$$

offen in $\mathbb{R}P^n$, und man hat Karten

$$h_k \colon U_k \to \mathring{D}^n, \quad [x_1, \ldots, x_n] \mapsto x_k \cdot |x_k|^{-1} \cdot (x_0, \ldots, x_{k-1}, x_{k+1}, \ldots, x_n)$$

für einen differenzierbaren Atlas.

 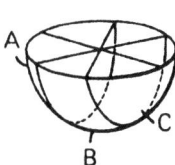 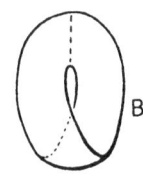

Fig. 6

Die projektiven Räume sind Beispiele differenzierbarer Mannigfaltigkeiten die von Natur als abstrakte Mannigfaltigkeiten und nicht als Teilmengen des euklidischen Raumes auftreten. Es ist von vornherein nicht klar, daß die projektiven Räume überhaupt homöomorph zu Teilmengen des euklidischen Raumes sind.

(d) Eine offene Teilmenge einer differenzierbaren Mannigfaltigkeit besitzt eine offenbare Struktur als differenzierbare Mannigfaltigkeit.

Differenzierbare Mannigfaltigkeiten werden der Gegenstand dieses Buches sein, genauer: die Kategorie der differenzierbaren Mannigfaltigkeiten. Ihre „Objekte" sind die differenzierbaren Mannigfaltigkeiten, ihre „Morphismen" die differenzierbaren Abbildungen, die wir jetzt erklären:

(1.6) Definition. Eine stetige Abbildung $f: M \to N$ zwischen differenzierbaren Mannigfaltigkeiten heißt *differenzierbar im Punkte* $p \in M$, wenn für eine (und damit für jede!) Karte $h: U \to U'$, $p \in U$ und $k: V \to V'$, $f(p) \in V$ von M beziehungsweise N die Zusammensetzung $k \circ f \circ h^{-1}$ differenzierbar im Punkte $h(p) \in U'$ ist; beachte daß diese Abbildung in der Umgebung $h(f^{-1}V \cap U)$ von $h(p)$ erklärt ist. Die Abbildung f heißt *differenzierbar*, wenn sie in jedem Punkte $p \in M$ differenzierbar ist.

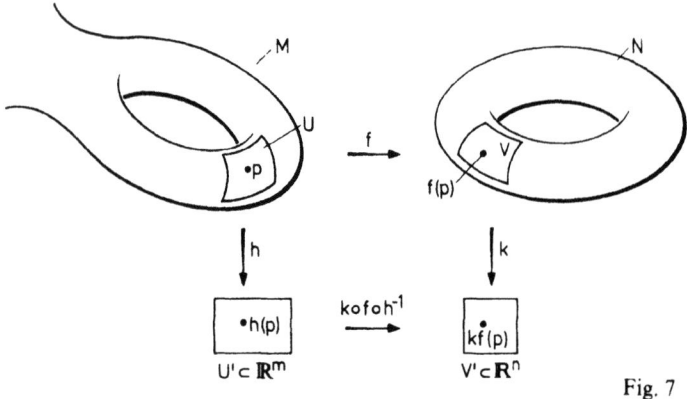

Fig. 7

Mit andern Worten: Man weiß, wann man eine Abbildung zwischen Kartengebieten von M und N differenzierbar nennen soll, weil diese durch die Karten mit offenen Teilmengen des euklidischen Raumes identifiziert sind, und lokal schreibt sich eine stetige Abbildung immer als Abbildung zwischen Kartengebieten. Die Unabhängigkeit von der speziellen Wahl der Karten liegt daran, daß die Kartenwechsel differenzierbar sind.

Bemerkung und Bezeichnung. Die Identität einer differenzierbaren Mannigfaltigkeit ist differenzierbar; die Zusammensetzung differenzierbarer Abbildungen ist differenzierbar. Diese beiden Aussagen meint man wenn man sagt: Die differenzierbaren Mannigfaltigkeiten und Abbildungen bilden eine *Kategorie*, die *differenzierbare Kategorie*. Diese Kategorie sei kurz mit C^∞ bezeichnet. Entsprechend sei

$C^\infty(M, N) :=$ Menge der differenzierbaren Abbildungen $M \to N$;
$C^\infty(M) := C^\infty(M, \mathbb{R})$.

Die Verknüpfung differenzierbarer Abbildungen ist also eine Abbildung

$$C^\infty(M, N) \times C^\infty(L, M) \to C^\infty(L, N), \qquad (f, g) \mapsto f \circ g.$$

Viele Begriffe ergeben sich in einer Kategorie einfach formal, sie lassen sich durch die Abbildungen der Kategorie und ihre Zusammensetzungen erklären, wie zum Beispiel *Isomorphie, Summe, Produkt*.

(1.7) Definition. Ein *Diffeomorphismus* ist eine umkehrbare differenzierbare Abbildung.

„Umkehrbar", wohlgemerkt, heißt umkehrbar in der differenzierbaren Kategorie, also $f: M \to N$ ist ein Diffeomorphismus, wenn es eine differenzierbare Abbildung $g: N \to M$ gibt, so daß $f \circ g = \text{Id}_N$ und $g \circ f = \text{Id}_M$. Das bedeutet mit andern Worten: f ist bijektiv, und auch f^{-1} ist differenzierbar. Wir bezeichnen Diffeomorphismen durch „$\cong$", sie bilden die Isomorphien der differenzierbaren Kategorie.

Ein differenzierbarer Homöomorphismus braucht kein Diffeomorphismus zu sein, wie die Abbildung $\mathbb{R} \to \mathbb{R}$, $x \mapsto x^3$, zeigt.

Zum Beispiel haben wir in (1.5,a) auf einer offenen Teilmenge $U \subset \mathbb{R}^n$ viele im allgemeinen verschiedene differenzierbare Strukturen erklärt, aber die differenzierbaren Mannigfaltigkeiten U mit Atlas $\{\text{Id}\}$, und U mit Atlas $\{h\}$, sind natürlich diffeomorph, $h: U \to U$ ist ein Diffeomorphismus $(U, \{h\}) \to (U, \{\text{Id}\})$ der zweiten mit der ersten, und daher sind beide Mannigfaltigkeiten für die Differentialtopologie nicht wesentlich verschieden.

Sehr tief liegt dagegen die Frage, ob man auf einer topologischen Mannigfaltigkeit zwei verschiedene differenzierbare Strukturen so einführen kann, daß die entstehenden differenzierbaren Mannigfaltigkeiten nicht diffeomorph sind. Zum Beispiel besitzt die topologische 7-Sphäre genau 15 verschiedene, untereinander nicht diffeomorphe, Strukturen als differenzierbare Mannigfaltigkeit, es gibt genau 15 untereinander nicht diffeomorphe differenzierbare Mannigfaltigkeiten, die alle homöomorph zur Sphäre S^7 sind (Kervaire und Milnor 1963). Solche Resultate liegen weit außerhalb der Reichweite dieses Buches.

Jede Karte $h: U \to U'$ von M ist ein Diffeomorphismus zwischen U und U', wobei U' die Standardstruktur als offene Teilmenge des $\mathbb{R}^n$ trägt (1.5,d), und die differenzierbare Struktur von M besteht gerade aus der Menge aller Diffeomorphismen offener Teilmengen von M mit offenen Teilmengen des $\mathbb{R}^n$.

Die Funktion $t \mapsto tg((\pi/2)t)$ definiert einen Diffeomorphismus $(-1, 1) \to \mathbb{R}$.

Die Differentialtopologie handelt von den Eigenschaften, die bei Anwendung von Diffeomorphismen unverändert bleiben. Für lokale Betrachtungen kann man daher immer annehmen, daß man es mit einer offenen Teilmenge des $\mathbb{R}^n$ zu tun hat: Statt einer Funktion f auf U betrachtet man $f \circ h^{-1}$ auf U', statt einer Teilmenge $V \subset U$ die Teilmenge $h(V) \subset U'$ und so weiter. Weil Punkte in $\mathbb{R}^n$ durch ihre Koordinaten gegeben sind, bezeichnet man eine Karte von M um p auch oft als lokales Koordinatensystem. Die Karte $h: U \to U'$ schreibt sich in Komponenten als $h = (h_1, \ldots, h_n)$ wobei die Koordinatenfunktionen $h_i: U \to \mathbb{R}$ differenzierbare Funktionen sind; durch Translation in $\mathbb{R}^n$ kann man noch erreichen, daß $h(p) = 0 = (0, \ldots, 0)$ für einen festen Punkt $p \in U$. So kann man in einer Umgebung U von p jeden Punkt nach Einführen eines Koordinatensystems durch die Werte der Koordinatenfunktionen, die Koordinaten des Punktes

$$(x_1, \ldots, x_n) \text{ mit}$$

$$(0, \ldots, 0) = \text{Koordinaten von } p,$$

eindeutig beschreiben. Eine Funktion auf U ist genau dann differenzierbar, wenn sie als Funktion der Koordinaten im gewohnten Sinne der Differentialrechnung differenzierbar ist.

In der differenzierbaren Kategorie gibt es Summen und Produkte:

(1.8) Definition. Die disjunkte Vereinigung zweier n-dimensionaler differenzierbarer Mannigfaltigkeiten M_1, M_2 ist in kanonischer Weise eine differenzierbare Mannigfaltigkeit, die mit $M_1 + M_2$ bezeichnet sei. Die Topologie ist dadurch bestimmt, daß die beiden Mannigfaltigkeiten M_1, M_2 offene Teilmengen von $M_1 + M_2$ sind, und ein differenzierbarer Atlas ist die Vereinigung von Atlanten beider Mannigfaltigkeiten. Die Mannigfaltigkeit $M_1 + M_2$ heißt *(differenzierbare) Summe* von M_1 und M_2. Man hat kanonische Inklusionen

$$i_v : M_v \to M_1 + M_2$$

als offene Teilmengen, und eine Abbildung $f: M_1 + M_2 \to N$ ist offenbar genau dann differenzierbar, wenn beide Einschränkungen $f \circ i_v$ differenzierbar sind, mit anderen Worten, man hat eine kanonische Bijektion

$$C^\infty(M_1 + M_2, N) \to C^\infty(M_1, N) \times C^\infty(M_2, N), \quad f \mapsto (f \circ i_1, f \circ i_2)$$

für jede differenzierbare Mannigfaltigkeit N *(universelle Eigenschaft der Summe)*.

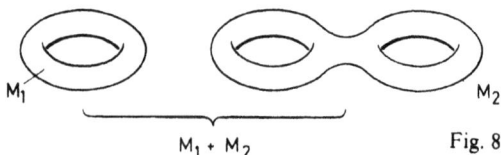

Fig. 8

Dual bildet man zu zwei differenzierbaren Mannigfaltigkeiten M_1, M_2 der Dimension n, k das kartesische Produkt $M_1 \times M_2$ und gibt diesem die Struktur einer $(n+k)$-dimensionalen differenzierbaren Mannigfaltigkeit, welche *(differenzier-*

bares) Produkt von M_1, M_2 heißt. Sind $h_\nu: U_\nu \to U'_\nu$ Karten der differenzierbaren Struktur von M_ν, so ist

$$h_1 \times h_2: U_1 \times U_2 \to U'_1 \times U'_2 \subset \mathbb{R}^n \times \mathbb{R}^k = \mathbb{R}^{n+k}$$

eine Karte von $M_1 \times M_2$, und die Menge all dieser Karten definiert die differenzierbare Struktur von $M_1 \times M_2$.
Man hat kanonische Projektionen

$$p_\nu: M_1 \times M_2 \to M_\nu$$

und analog wie bei der Summe eine kanonische Bijektion

$$C^\infty(N, M_1 \times M_2) \to C^\infty(N, M_1) \times C^\infty(N, M_2), \quad f \mapsto (p_1 \circ f, p_2 \circ f)$$

für jede differenzierbare Mannigfaltigkeit N *(universelle Eigenschaft des Produkts)*.

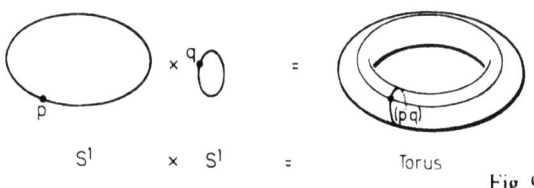

Fig. 9

Die letzte Bemerkung besagt, daß eine Abbildung in das Produkt genau dann differenzierbar ist, wenn ihre beiden Komponenten $f_\nu = p_\nu \circ f$ differenzierbar sind; lokal führt die Abbildung in ein Kartengebiet $U_1 \times U_2$, und die Zusammensetzung mit der Karte

$$h_1 \times h_2: U_1 \times U_2 \to U'_1 \times U'_2 \subset \mathbb{R}^{n+k}$$

ist genau dann differenzierbar, wenn die Komponenten differenzierbar sind.

Weniger kanonisch, daher auch in der Literatur nicht einheitlich erklärt, ist der Begriff der Untermannigfaltigkeit.

(1.9) Definition. Eine Teilmenge $N \subset M^{n+k}$ heißt *n-dimensionale differenzierbare Untermannigfaltigkeit* von M, wenn es zu jedem Punkt $p \in N$ eine Karte

$$h: U \to U' \subset \mathbb{R}^{n+k} = \mathbb{R}^n \times \mathbb{R}^k \quad \text{um } p \text{ gibt,}$$
$$\text{so daß } h(N \cap U) = U' \cap \mathbb{R}^n,$$

wobei wir $\mathbb{R}^n$ als $\mathbb{R}^n \times 0 \subset \mathbb{R}^n \times \mathbb{R}^k$ auffassen.
Die Zahl $k = \dim M - \dim N$ heißt *Kodimension* der Untermannigfaltigkeit.
Man sagt dafür kurz: Die Untermannigfaltigkeit N liegt in M lokal wie $\mathbb{R}^n$ in $\mathbb{R}^{n+k}$.

Die Definition ist durch die Bemerkung gerechtfertigt, daß es eine kanonische differenzierbare Struktur auf N gibt. Aus einer Karte h wie in der Definition (1.9) erhält man eine Karte $h' = h \,|\, U \cap N \to U' \cap \mathbb{R}^n$, und die Menge all dieser Karten ist ein differenzierbarer Atlas für N.

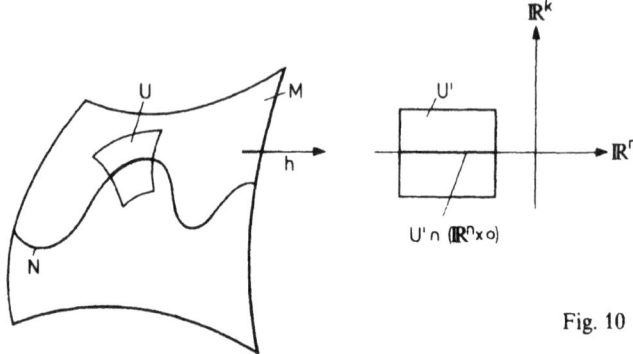

Fig. 10

(1.10) Definition. Eine differenzierbare Abbildung $f: N \to M$ heißt *Einbettung*, wenn $f(N) \subset M$ eine differenzierbare Untermannigfaltigkeit, und $f: N \to f(N)$ diffeomorph ist.

Haben hier N und M gleiche Dimension, so ist $f(N)$ offen in M, wie die Definition (1.9) unmittelbar zeigt, und die Inklusion einer offenen Teilmenge ist auch eine Einbettung. Sonst ist notwendig $\dim N < \dim M$. Jeder Punkt $p \in M$ definiert eine Einbettung

$$i_p: N \to M \times N, \quad q \mapsto (p, q)$$

so daß $p_2 \circ i_p = \mathrm{Id}_N$, wie ja auch übrigens jeder Punkt $p \in M$ eine Projektion $\pi_p: M + N \to M$ definiert, so daß $\pi_p \circ i_1 = \mathrm{Id}_M$. Der zweite Faktor verhält sich natürlich ganz entsprechend; ist $p \in M$ und $q \in N$, so treffen sich $i_p(N)$ und $i_q(M)$ genau im Punkte $(p, q) \in M \times N$.

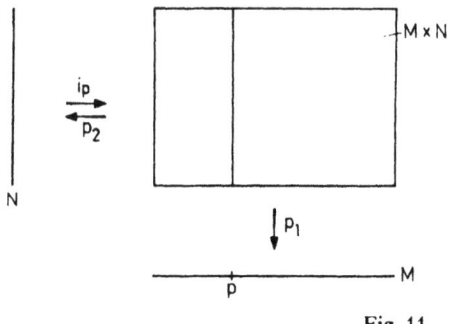

Fig. 11

(1.11) Aufgaben

1. Man zeige: Jede (differenzierbare) Mannigfaltigkeit besitzt einen abzählbaren (differenzierbaren) Atlas.

2. Man zeige: Die Sphäre S^n besitzt einen differenzierbaren Atlas mit genau zwei Karten. Auch einen mit nur einer Karte?

3. Beschreibe den Kartenwechsel für den Atlas von $\mathbb{R}P^n$ in (1.5,c), und zeige, daß er differenzierbar ist.

4. Sei M eine differenzierbare Mannigfaltigkeit und $\tau: M \to M$ eine fixpunktfreie Involution, d.h. τ ist ein Diffeomorphismus mit $\tau \circ \tau = \text{Id}_M$ und $\tau(x) \neq x$ für alle x.
   Man beweise: Der Quotientenraum M/τ, der aus M durch Identifizieren einander unter τ entsprechender Punkte entsteht, ist eine topologische Mannigfaltigkeit, die genau eine differenzierbare Struktur besitzt, bezüglich der die Projektion $M \to M/\tau$ lokal diffeomorph ist.

5. Zeige $\mathbb{R}P^1 \cong S^1$.

6. Versehe die Oberfläche des Würfels $\{x \in \mathbb{R}^{n+1} \mid \max\{|x_i|\} = 1\}$ mit der Struktur einer differenzierbaren Mannigfaltigkeit.

7. Sei M eine differenzierbare Mannigfaltigkeit und $f: N \to M$ ein Homöomorphismus. Beweise: N besitzt genau eine Struktur einer differenzierbaren Mannigfaltigkeit, so daß f diffeomorph ist.

8. Versehe den komplexen projektiven Raum $\mathbb{C}P^n$ mit der Struktur einer $2n$-dimensionalen differenzierbaren Mannigfaltigkeit. Dieser Raum ist folgendermaßen definiert: Auf dem komplexen Vektorraum $\mathbb{C}^{n+1}$ hat man die Äquivalenzrelation $x \sim y \Leftrightarrow$ es gibt eine Zahl $\lambda \in \mathbb{C}$, $\lambda \neq 0$, so daß $\lambda x = y$. Der Quotientenraum $(\mathbb{C}^{n+1} - \{0\})/\sim$ ist $\mathbb{C}P^n$ nach Definition.

9. Beweise: Ist M eine nicht leere n-dimensionale Mannigfaltigkeit und $k \leq n$, so gibt es eine Einbettung $\mathbb{R}^k \to M$.

10. Sei N eine kompakte, M eine zusammenhängende Mannigfaltigkeit, beide der Dimension n und nicht leer. Sei $f: N \to M$ eine Einbettung. Zeige, daß f ein Diffeomorphismus ist.

11. Zeige, daß S^n eine Untermannigfaltigkeit von $\mathbb{R}^{n+1}$ ist.

12. Beschreibe eine Einbettung $S^1 \times S^1 \to \mathbb{R}^3$ mit elementaren Funktionen.

13. Man zeige: Die Zusammensetzung von Einbettungen ist eine Einbettung, das kartesische Produkt $f_1 \times f_2: N_1 \times N_2 \to M_1 \times M_2$ zweier Einbettungen f_1, f_2 ist eine Einbettung.

14. Zeige: Ist die n-dimensionale Mannigfaltigkeit M ein Produkt von Sphären, so gibt es eine Einbettung $M \to \mathbb{R}^{n+1}$.
    Hinweis: Beschreibe eine Einbettung $S^n \times \mathbb{R} \to \mathbb{R}^{n+1}$ und benutze 13.

15. Die Punkte des $\mathbb{C}P^k$ (siehe 8) seien durch homogene Koordinaten $x=[x_0,\ldots,x_k]:=$ Klasse von $(x_0,\ldots,x_k)$ unter $\sim$ beschrieben. Zeige, daß die Abbildung
$$f:\mathbb{C}P^m\times\mathbb{C}P^n\to\mathbb{C}P^{mn+m+n}$$
$$(x,y)\mapsto[x_0y_0,x_0y_1,\ldots,x_\nu y_\mu,\ldots,x_my_n],$$
eine Einbettung ist. Entsprechend für die reellen projektiven Räume.

16. Sei $M(m\times n)$ der Vektorraum der reellen $(m\times n)$-Matrizen, und $M_r(m\times n)$ der Unterraum der Matrizen vom Rang r, dann ist $M_r(m\times n)$ eine Untermannigfaltigkeit von $M(m\times n)$ der Kodimension $(n-r)\cdot(m-r)$, für $r\leq\min\{m,n\}$.

    Hinweis: Ein typisches Kartengebiet um einen Punkt aus $M_r(m\times n)$ bildet die Menge $U\subset M(m\times n)$ der Matrizen von der Form
$$\begin{pmatrix}A & AB \\ D & DB+C\end{pmatrix},\quad A\in M(r\times r),\quad \det(A)\neq 0.$$
    Eine solche Matrix liegt genau dann in $M_r(m\times n)$, wenn $C=0$.

17. Die Inklusion $\mathbb{R}^{n+1}\subset\mathbb{R}^{n+2}$ induziert eine Einbettung $\mathbb{R}P^n\subset\mathbb{R}P^{n+1}$ und $\mathbb{R}P^{n+1}-\mathbb{R}P^n\cong\mathbb{R}^{n+1}$.

18. Sei $\mathbb{R}^{n+1}=\{(x,a_0,\ldots,a_{n-1})\mid x,a\in\mathbb{R}\}$. Die Menge der Punkte, wo $x^n+a_{n-1}x^{n-1}+\cdots+a_0=0$ ist, ist eine Untermannigfaltigkeit der Kodimension 1 von $\mathbb{R}^{n+1}$, und ist diffeomorph zu $\mathbb{R}^n$.

19. Die Menge $C^\infty(M)$ ist eine Algebra mit offenbarer Addition und Multiplikation von Funktionen. Eine differenzierbare Abbildung $f:M\to N$ definiert einen Algebrenhomomorphismus
$$f^*:C^\infty(N)\to C^\infty(M),\quad \varphi\mapsto\varphi\circ f,$$
mit den Funktoreigenschaften: $\mathrm{Id}_M^*=\mathrm{Id}$; $(f\circ g)^*=g^*\circ f^*$.

20. Bezeichnung wie 19. Sei für einen Punkt $p\in M$
$$\mathfrak{M}_p=\{\varphi\in C^\infty(M)\mid\varphi(p)=0\}.$$
    Man zeige:
    (a) $\mathfrak{M}_p$ ist ein maximales Ideal von $C^\infty(M)$.
    (b) Ist M kompakt und $\mathfrak{M}\subset C^\infty(M)$ ein maximales Ideal, so existiert ein $p\in M$, so daß $\mathfrak{M}=\mathfrak{M}_p$.

21. Zeige, daß $\mathbb{R}P^n$ aus dem Ball $D^n=\{x\in\mathbb{R}^n\mid|x|\leq 1\}$ durch Identifikation antipodischer Randpunkte entsteht. Daher erhält man die projektive Ebene, wenn man eine Kreisscheibe $A\cup C$ und ein Möbiusband B am Rand, der beidemale ein Kreis ist, zusammenklebt (siehe Fig. 6).

§ 2. Der Tangentialraum

Ein Problem der Differentialtopologie zerfällt häufig in einen lokalen und einen globalen Teil; wir beginnen in diesem Abschnitt, grundlegende lokale Begriffe zu erklären.

Der beherrschende Begriff der lokalen Theorie ist der des Tangentialraumes in einem Punkte $p \in M$ einer Mannigfaltigkeit. Stellen wir uns vor, daß die Mannigfaltigkeit in den euklidischen Raum $\mathbb{R}^n$ eingebettet ist, so liegt es anschaulich nahe, daß jedem Punkt $p \in M$ ein gewisser linearer Unterraum von $\mathbb{R}^n$, der Raum der zu M in p tangentialen Vektoren, der Geschwindigkeitsvektoren möglicher Bewegungen auf M, zugeordnet ist. So ist die Sphäre S^n in $\mathbb{R}^{n+1}$ eingebettet als $S^n = \{x \in \mathbb{R}^{n+1} \mid |x| = 1\}$, und der Tangentialraum im Punkte $x \in S^n$ ist die Menge der Vektoren $\{v \in \mathbb{R}^{n+1} \mid \langle v, x \rangle = 0\}$.

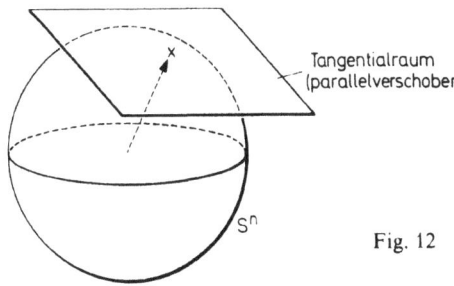

Fig. 12

Da uns im allgemeinen eine solche Einbettung nicht kanonisch gegeben ist, müssen wir den Tangentialraum durch *innere* Eigenschaften der Mannigfaltigkeit beschreiben.

Für die lokale Betrachtung liegt es nahe, nicht nur auf ganz M erklärte Abbildungen $f: M \to N$ zu betrachten, sondern auch solche Abbildungen zuzulassen, die nur in einer Umgebung U von $p \in M$ erklärt sind. Auch gelten uns zwei solche

Abbildungen gleich, wenn sie auf einer (vielleicht kleineren) Umgebung übereinstimmen. Wir führen also auf der Menge der differenzierbaren Abbildungen

$$\{f \mid f: U \to N, \text{ für eine Umgebung } U \text{ von } p \in M\}$$

die folgende Äquivalenzrelation ein:

$f \sim g \Leftrightarrow$ es gibt eine Umgebung V von p, so daß $f \mid V = g \mid V$.

(2.1) Definition. Eine Äquivalenzklasse dieser Relation heißt *Keim* einer Abbildung $M \to N$ um p. Wir bezeichnen einen durch f repräsentierten solchen Keim durch $\bar{f}: (M,p) \to N$ oder auch $\bar{f}: (M,p) \to (N,q)$, wenn $f(p) = q$ ist. Hat man Keime $(M,p) \overset{\bar{f}}{\to} (N,q) \overset{\bar{g}}{\to} (L,r)$, so erhält man eine *Zusammensetzung* $\bar{g} \circ \bar{f}: (M,p) \to (L,r)$ als Keim der Zusammensetzung geeigneter Repräsentanten. Ein *Funktionskeim* ist ein differenzierbarer Keim $(M,p) \to \mathbb{R}$. Die Menge aller Funktionskeime um $p \in M$ sei mit $\mathscr{E}(p)$ bezeichnet.

Dann hat $\mathscr{E}(p)$ die Struktur einer reellen Algebra: Addition und Multiplikation durch entsprechende Operation auf Repräsentanten. Ein differenzierbarer Keim $\bar{f}: (M,p) \to (N,q)$ definiert durch Zusammensetzen den Homomorphismus von Algebren

$$f^*: \mathscr{E}(q) \to \mathscr{E}(p), \quad \bar{\varphi} \mapsto \bar{\varphi} \circ \bar{f},$$

und man hat die Funktoreigenschaften

$$\text{Id}^* = \text{Id}; \quad (g \circ f)^* = f^* \circ g^*.$$

Aus den Funktoreigenschaften folgt insbesondere, daß ein bezüglich Zusammensetzung invertierbarer Keim $\bar{f}$ einen Isomorphismus f^* induziert:

$$\bar{f} \circ \bar{f}^{-1} = \text{Id} \Rightarrow f^{-1*} \circ f^* = \text{Id}.$$

Ist also $p \in M^n$, so findet man eine Karte h um p, welche einen invertierbaren Keim $\bar{h}: (M,p) \to (\mathbb{R}^n, 0)$ definiert, also einen Isomorphismus

$$h^*: \mathscr{E}_n \to \mathscr{E}(p); \quad \mathscr{E}_n = \text{Menge der Keime } (\mathbb{R}^n, 0) \to \mathbb{R}.$$

Das Studium der Algebren $\mathscr{E}(p)$ darf sich also auf die Musterexemplare $\mathscr{E}_n$ beschränken.

Nachdem wir unser Blickfeld somit aufs Lokale gerichtet haben, wenden wir uns den Tangentialräumen zu. Drei äquivalente Definitionen haben sich eingebürgert, deren jede ihre Vorzüge hat, und zwischen denen wir lernen wollen, uns frei zu bewegen: Die Definitionen

(A) des Algebraikers
(Ph) des Physikers
(G) des Geometers

(2.2) Definition (des Algebraikers). Der *Tangentialraum* $T_p M$ der differenzierbaren Mannigfaltigkeit M im Punkte p ist der reelle Vektorraum der Derivationen von $\mathscr{E}(p)$. Eine *Derivation* von $\mathscr{E}(p)$ ist eine lineare Abbildung $X:\mathscr{E}(p)\to\mathbb{R}$, welche der Produktregel

$$X(\bar\varphi\cdot\bar\psi) = X(\bar\varphi)\cdot\bar\psi(p) + \bar\varphi(p)\cdot X(\bar\psi)$$

genügt. Ein differenzierbarer Keim $\bar f:(M,p)\to(N,q)$, also insbesondere eine differenzierbare Abbildung $f:M\to N$, induziert den Algebrenhomomorphismus $f^*:\mathscr{E}(q)\to\mathscr{E}(p)$, und damit die lineare *Tangentialabbildung* (das *Differential*) von f in p:

$$T_p f: T_p M \to T_q N$$

$$X \mapsto X \circ f^*.$$

Man rechnet unmittelbar nach, daß eine Linearkombination von Derivationen wieder eine Derivation ist, daß diese also einen Vektorraum bilden. Aus der Produktregel folgt $X(1) = X(1) + X(1)$, also $X(1) = 0$ für die konstante Funktion mit Wert 1, also wegen der Linearität auch $X(c) = 0$ für jede Konstante c. Die Definition des Differentials bedeutet für einen Keim $\bar\varphi:(N,q)\to\mathbb{R}$:

$$T_p f(X)(\bar\varphi) = X \circ f^*(\bar\varphi) = X(\varphi \circ f).$$

Daraus, oder aus den Funktoreigenschaften von $*$ folgt für eine Zusammensetzung $(M,p) \xrightarrow{\bar f} (N,q) \xrightarrow{\bar g} (L,r)$ die Funktoreigenschaft $T_p(\bar g \circ \bar f) = T_q \bar g \circ T_p \bar f$ der Tangentialabbildung. Daß die Tangentialabbildung linear ist, liest man unmittelbar aus der Definition ab.

Ist nun $\bar h:(N,p)\to(\mathbb{R}^n,0)$ Keim einer Karte, so ist die induzierte Abbildung $h^*:\mathscr{E}_n\to\mathscr{E}(p)$ isomorph, daher auch die Tangentialabbildung $T_p h: T_p N \to T_0 \mathbb{R}^n$. Um letzteren Vektorraum zu beschreiben, ist folgendes nützlich:

(2.3) Lemma. *Sei U eine offene Kugel um den Ursprung von $\mathbb{R}^n$ oder $\mathbb{R}^n$ selbst, und $f:U\to\mathbb{R}$ eine differenzierbare Funktion, dann existieren differenzierbare Funktionen $f_1,\ldots,f_n:U\to\mathbb{R}$, so daß*

$$f(x) = f(0) + \sum_{\nu=1}^{n} x_\nu \cdot f_\nu(x).$$

Beweis

$$f(x) - f(0) = \int_0^1 \frac{d}{dt} f(tx_1,\ldots,tx_n)\,dt = \sum_{\nu=1}^{n} x_\nu \int_0^1 D_\nu f(tx_1,\ldots,tx_n)\,dt,$$

wobei D_ν die partielle Ableitung nach der ν-ten Variablen bezeichne. Setze also $f_\nu(x) := \int_0^1 D_\nu f(tx_1,\ldots,tx_n)\,dt$. □

Gewisse Derivationen – wie der Name sagt – der Algebra $\mathscr{E}_n$ sind die partiellen Ableitungen, die wir meist altmodisch bezeichnen:

$$\frac{\partial}{\partial x_\nu} : \mathscr{E}_n \to \mathbb{R}, \quad \overline{\varphi} \mapsto \frac{\partial}{\partial x_\nu} \varphi(0).$$

Folgerung. Die $\partial/\partial x_\nu$, $\nu = 1, \ldots, n$, bilden eine Basis des Vektorraumes $T_0 \mathbb{R}^n$ der Derivationen von $\mathscr{E}_n$.

Beweis. Ist die Derivation $\sum_{\nu=1}^n a_\nu(\partial/\partial x_\nu) = 0$, so erhält man insbesondere für $\bar{x}_\mu$, die μ-te Koordinatenfunktion: $a_\mu = \sum_{\nu=1}^n a_\nu(\partial \bar{x}_\mu/\partial x_\nu) = 0$ für alle μ, daher sind die $\partial/\partial x_\nu$ linear unabhängig.
Sei nun $X \in T_0(\mathbb{R}^n)$, $X(\bar{x}_\nu) =: a_\nu$, so wollen wir zeigen:

$$X = \sum_{\nu=1}^n a_\nu \frac{\partial}{\partial x_\nu}.$$

Setzen wir $Y := X - \sum_{\nu=1}^n a_\nu(\partial/\partial x_\nu)$, so ist Y eine Derivation, und nach Konstruktion ist $Y(\bar{x}_\nu) = 0$ für jede Koordinatenfunktion.
Ist nun $\bar{f} \in \mathscr{E}_n$ irgendein Funktionskeim, so schreiben wir nach Lemma (2.3) $\bar{f} = \bar{f}(0) + \sum_{\nu=1}^n \bar{x}_\nu \cdot \bar{f}_\nu$ und erhalten

$$Y(\bar{f}) = Y(f(0)) + \sum_{\nu=1}^n Y(\bar{x}_\nu) \cdot f_\nu(0) = 0. \quad \square$$

Wir bemerken bei dieser Gelegenheit, daß der Tangentialraum in einem Punkte einer n-dimensionalen differenzierbaren Mannigfaltigkeit die Vektorraumdimension n hat, so daß die Dimension in der Tat eindeutig definiert ist. Im topologischen Fall ist das nicht so einfach zu sehen, aber auch wahr.

Nach Einführen lokaler Koordinaten $(x_1, \ldots, x_n)$ um einen Punkt $p \in N^n$ können wir auch die Vektoren in $T_p N$ explizit als Linearkombinationen der $\partial/\partial x_i$ angeben. Ist $\bar{f}:(N^n, p) \to (M^m, q)$ ein differenzierbarer Keim, und führen wir auch um q lokale Koordinaten $(y_1, \ldots, y_m)$ ein, so schreibt sich $\bar{f}$ als Keim $(\mathbb{R}^n, 0) \to (\mathbb{R}^m, 0)$, den wir auch einfach mit $\bar{f}$ bezeichnen:

$$\begin{array}{ccc} (N, p) & \xrightarrow{\bar{f}} & (M, q) \\ {\scriptstyle \text{Karte}}\downarrow & & \downarrow{\scriptstyle \text{Karte}} \\ (\mathbb{R}^n, 0) & \xrightarrow{\bar{f}} & (\mathbb{R}^m, 0), \end{array}$$

und die Tangentialabbildung $T_0 \bar{f}$ berechnet sich folgendermaßen:

Ist $\bar{\varphi} \in \mathscr{E}_m$, so ist nach Definition (2.2) und der Kettenregel

$$T_0 \bar{f}\left(\frac{\partial}{\partial x_i}\right)(\bar{\varphi}) = \frac{\partial}{\partial x_i}(\bar{\varphi} \circ \bar{f}) = \sum_{j=1}^{m} \frac{\partial \varphi}{\partial y_j}(0) \cdot \frac{\partial f_j}{\partial x_i}(0),$$

also

$$T_0 \bar{f}\left(\frac{\partial}{\partial x_i}\right) = \sum_{j=1}^{m} \frac{\partial f_j}{\partial x_i}(0) \frac{\partial}{\partial y_j}.$$

Die Matrix

$$Df := \left(\frac{\partial f_j}{\partial x_i}\right)$$

heißt *Jacobimatrix*. Wir können das Differential von $\bar{f}$ also in Matrizenschreibweise so berechnen: Ist $v = \sum a_i (\partial/\partial x_i)$, so ist $T_0 \bar{f}(v) = \sum b_j (\partial/\partial y_j)$, wobei

$$b = Df_0 \cdot a.$$

Wir fassen zusammen:

(2.4) Satz. *Führt man um $p \in N^n$ und $q \in M^m$ lokale Koordinaten $(x_1, \ldots, x_n)$ beziehungsweise $(y_1, \ldots, y_m)$ ein, so bilden die Derivationen $\partial/\partial x_i$ beziehungsweise $\partial/\partial y_j$ Vektorraumbasen von $T_p N$ und $T_q M$, und die Tangentialabbildung eines Keimes $\bar{f}: (N, p) \to (M, q)$ ist bezüglich dieser Basen durch*

$$Df_0 : \mathbb{R}^n \to \mathbb{R}^m$$

gegeben. ☐

Die Definition der Algebraiker ist am bequemsten zu handhaben, jedoch unanschaulich (und auch nicht passend, wenn man unendlich-dimensionale Mannigfaltigkeiten, oder nur endlich oft differenzierbare, betrachtet).

Physiker gehen von der koordinatenabhängigen Beschreibung des Satzes (2.4) aus, man hört Erklärungen wie: „Ein kontravarianter Vektor oder Tensor erster Stufe ist ein reelles n-Tupel, das sich durch Anwenden der Jacobimatrix transformiert". Dies interpretieren wir folgendermaßen: Sind $\bar{h}, \bar{k} : (N, p) \to (\mathbb{R}^n, 0)$ Keime von Karten, so ist der Kartenwechsel $\bar{g} := \bar{k} \circ \bar{h}^{-1} : (\mathbb{R}^n, 0) \to (\mathbb{R}^n, 0)$ ein invertierbarer differenzierbarer Keim. Die sämtlichen invertierbaren Keime $(\mathbb{R}^n, 0) \to (\mathbb{R}^n, 0)$, also alle möglichen Kartenwechsel, bilden unter Zusammensetzung „$\circ$" eine Gruppe $\mathscr{G}$, und es gibt also zu zwei Kartenkeimen $\bar{h}, \bar{k}$ genau ein $\bar{g} \in \mathscr{G}$, so daß $\bar{g} \circ \bar{h} = \bar{k}$. Jedem $\bar{g} \in \mathscr{G}$ ordnen wir die Jacobimatrix im Ursprung Dg_0 zu, und wie die Differentialrechnung lehrt, ist dann der Zusammensetzung von Abbildungen das Produkt von Matrizen zugeordnet; insbesondere hat man einen Homomorphismus von Gruppen

$$\mathscr{G} \to GL(n, \mathbb{R}), \quad \bar{g} \mapsto Dg_0$$

von $\mathscr{G}$ in die lineare Gruppe der invertierbaren Matrizen.

(2.5) Definition (des Physikers). Ein *Tangentialvektor* im Punkte $p \in N^n$ ist eine Zuordnung, die jedem Keim einer Karte $\bar{h}: (N, p) \to (\mathbb{R}^n, 0)$ um p einen Vektor $v = (v_1, \ldots, v_n) \in \mathbb{R}^n$ so zuordnet, daß dem Kartenkeim $\bar{g} \circ \bar{h}$ der Vektor $Dg_0 \cdot v$ entspricht.

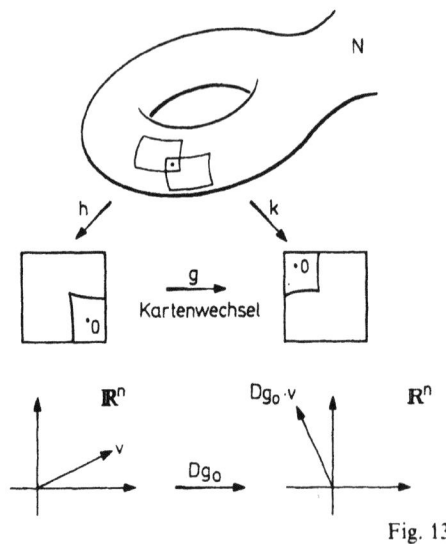

Fig. 13

Bezeichnen wir also mit K_p die Menge der Keime von Karten

$$\bar{h}: (N, p) \to (\mathbb{R}^n, 0),$$

so ist der Tangentialraum der Physiker $T_p(N)_{Ph}$ gleich der Menge der Abbildungen

$$v: K_p \to \mathbb{R}^n, \quad \text{für die}$$

$$v(\bar{g} \circ \bar{h}) = Dg_0 \cdot v(\bar{h}) \quad \text{für alle } \bar{g} \in \mathcal{G}.$$

Diese Abbildungen bilden einen Vektorraum, weil Dg_0 eine lineare Abbildung ist. Für eine feste Karte h kann man den Vektor $v \in \mathbb{R}^n$ offenbar beliebig wählen, und dadurch ist die Wahl auf allen anderen Kartenkeimen festgelegt, der Vektorraum $T_p(N)_{Ph}$ ist isomorph zu $\mathbb{R}^n$; ein Isomorphismus ist durch Wahl eines lokalen Koordinatensystems gegeben. Der kanonische Isomorphismus

$$T_p N \to T_p(N)_{Ph}$$

mit dem algebraisch definierten Tangentialraum (2.2), ordnet bei gegebener Karte $\bar{h} = (\bar{h}_1, \ldots, \bar{h}_n): (N, p) \to (\mathbb{R}^n, 0)$ der Derivation $X \in T_p N$ den Vektor $(X(\bar{h}_1), \ldots, X(\bar{h}_n))$

$\in \mathbb{R}^n$ zu. Die Komponenten dieses Vektors sind gerade die Koeffizienten von X bezüglich der Basis von $T_p N$ in (2.4); sie werden bei Kartenwechsel mit der Jacobimatrix transformiert, weil die Basis in (2.4) mit der transponierten Jacobimatrix abgebildet wird.

Das Differential – wenn auch formal wegen der vielen Koordinatensysteme etwas umständlich hinzuschreiben – ist natürlich bei gegebenen lokalen Koordinatensystemen um Bild und Urbildpunkt durch die Jacobimatrix zu beschreiben, wie in (2.4).

Am anschaulichsten ist die Definition des Geometers; sie ist von der Vorstellung geleitet, die Tangentialvektoren seien Geschwindigkeitsvektoren von Bahnen durch den Punkt p in diesem Punkt; alles natürlich wieder lokal um den Punkt betrachtet.

(2.6) Definition (des Geometers). Auf der Menge W_p der Keime differenzierbarer Abbildungen

$$\bar{w}:(\mathbb{R},0)\to(N,p)$$

(also der Keime durch p führender Wege) erklären wir die Äquivalenzrelation $\bar{w}\sim\bar{v}:\Leftrightarrow$ für jeden Funktionskeim $\bar{f}\in\mathscr{E}(p)$ ist $(d/dt)\,\bar{f}\circ\bar{w}(0)=(d/dt)\,\bar{f}\circ\bar{v}(0)$. Eine Äquivalenzklasse $[w]$ dieser Relation ist ein Tangentialvektor im Punkte p.

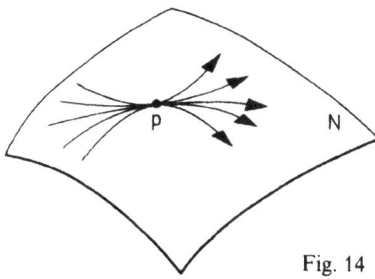

Fig. 14

Zwei Wegkeime definieren genau dann den gleichen Tangentialvektor, wenn sie die gleiche „Ableitung von Funktionen in Richtung der Kurve" definieren. Jeder Äquivalenzklasse $[w]$ ist damit eindeutig die Derivation X_w von $\mathscr{E}(p)$ zugeordnet:

$$X_w(\bar{f}) := \frac{d}{dt}\,\bar{f}\circ\bar{w}(0).$$

Diese Zuordnung definiert eine injektive Abbildung

$$W_p/\sim \;:=\; T_p(N)_G \to T_p N, \quad [w]\mapsto X_w$$

der Menge der Äquivalenzklassen von Wegkeimen in den Tangentialraum, und diese Abbildung ist auch surjektiv, denn ist (in lokalen Koordinaten) $w(t)=(ta_1,\ldots,ta_n)$, so ist $X_w = \sum_{v=1}^{n} a_v(\partial/\partial x_v)$. Tatsächlich braucht man eine Gleichung $X_w = X_v$ von Derivationen nur auf den Koordinatenfunktionen eines lokalen Koordinatensystems nachzuprüfen (die Werte sind gerade die Koeffizienten bezüglich der Basis der $\partial/\partial x_v$), so daß man auch sagen kann: $w \sim v$ genau wenn für ein lokales Koordinatensystem gilt $(d/dt)w_i(0) = (d/dt)v_i(0)$ für $i=1,\ldots,n$.

Auch die Tangentialabbildung ist bei dieser Erklärung sehr anschaulich: Ein Keim $\bar{f}:(N,p)\to(M,q)$ induziert die Abbildung

$$T_p(N)_G \to T_q(M)_G, \quad [w] \mapsto [f \circ w]$$

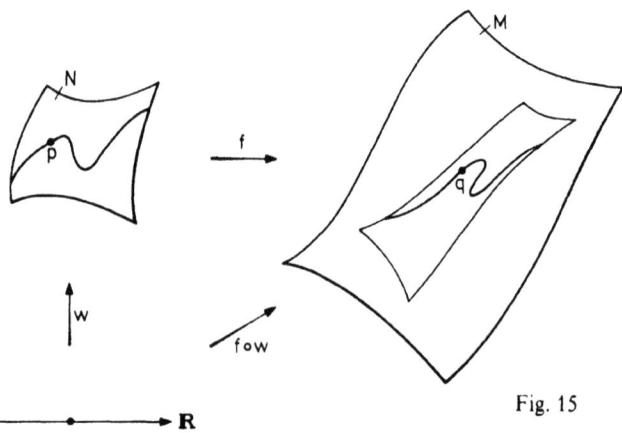

Fig. 15

Daß diese Erklärung mit der früheren Definition (2.2) verträglich ist, zeigt die Gleichung

$$X_{fw}(\bar{\varphi}) = \frac{d}{dt}\bar{\varphi}\,\bar{f}\,\bar{w}(0) = X_w(\bar{\varphi}\,f) = T_p f(X_w)(\bar{\varphi}).$$

Fortan sei zwischen den verschiedenen Definitionen des Tangentialraumes nicht mehr unterschieden. Unsere Anschauung lasse sich durch die geometrische Definition leiten; explizite Rechnung, wo nötig, benutze die Koordinaten-Beschreibung (2.4).

Ein endlichdimensionaler reeller Vektorraum V ist eine differenzierbare Mannigfaltigkeit. Eine Basis bestimmt einen Isomorphismus $V \to \mathbb{R}^n$, den man als Karte für einen Atlas nimmt. Weil lineare Abbildungen des $\mathbb{R}^n$ in sich differenzierbar sind, hängt die so erklärte differenzierbare Struktur von der Basis nicht ab. Der Tangentialraum $T_p V$ ist für jeden Punkt $p \in V$ zu V kanonisch isomorph. Den

Isomorphismus kann man so beschreiben: Einem Vektor $v \in V$ ist die Kurve $w_v: t \mapsto p + tv$ durch p zugeordnet, und $[w_v] \in T_p V$ ist der zugeordnete Tangentialvektor (Beschreibung des Geometers). Natürlich ist der Tangentialraum $T_p M$ immer isomorph zu $\mathbb{R}^n$ wenn M die Dimension n hat, aber im allgemeinen gibt es keinen kanonischen, in irgendeiner Weise ausgezeichneten Isomorphismus. Das werden wir im nächsten Paragraphen noch deutlicher sehen.

(2.7) Aufgaben

1. Man zeige, daß $\mathfrak{m}(p) := \{\overline{\varphi} \in \mathscr{E}(p) \mid \overline{\varphi}(p) = 0\}$ das einzige maximale Ideal von $\mathscr{E}(p)$ ist.

2. Ist $p \in M^n$ und $n \neq 0$, so ist das Ideal $\mathfrak{m}(p)$ in Aufgabe 1 nicht das einzige Ideal $\neq 0$, $\mathscr{E}(p)$ von $\mathscr{E}(p)$.

3. Ist $f: M \to N$ eine Einbettung und $f(p) = q$, so ist die Abbildung $f^*: \mathscr{E}(q) \to \mathscr{E}(p)$ surjektiv, und $T_p(f)$ injektiv.

4. Das maximale Ideal $\mathfrak{m}_n \subset \mathscr{E}_n$ ist von den Keimen $\overline{x}_1, \ldots, \overline{x}_n$ der Koordinatenfunktionen erzeugt.

5. Ist $\mathfrak{m}_n \subset \mathscr{E}_n$ das maximale Ideal, so ist $\mathfrak{m}_n^k$ das Ideal der Keime $\overline{f}$, für die alle Ableitungen der Ordnung $< k$ im Nullpunkt verschwinden.

6. Die Taylorreihe im Nullpunkt definiert einen Homomorphismus $\mathscr{E}_n \to \mathbb{R}[[x_1, \ldots, x_n]]$ in den Ring der formalen Potenzreihen in n Variablen. Der Kern dieses Homomorphismus ist $\mathfrak{m}_n^\infty := \bigcap_{k=1}^{\infty} \mathfrak{m}_n^k$ (siehe 5).

7. Mit Bezeichnungen von 4 gilt: $\mathscr{E}_n / \mathfrak{m}_n \cong \mathbb{R}$; folglich ist $\mathfrak{m}_n / \mathfrak{m}_n^2 \cong \mathbb{R}^n$. Ein Keim $\overline{f}: (\mathbb{R}^n, 0) \to (\mathbb{R}^m, 0)$ induziert $f^*: \mathscr{E}_m \to \mathscr{E}_n$, $f^* \mathfrak{m}_m \subset \mathfrak{m}_n$, also hat man eine lineare Abbildung

$$f^*: \mathbb{R}^m \cong \frac{\mathfrak{m}_m}{\mathfrak{m}_m^2} \to \frac{\mathfrak{m}_n}{\mathfrak{m}_n^2} \cong \mathbb{R}^n.$$

Sie ist durch die Matrix ${}^t D f_0$ gegeben.

8. Ist die Abbildung $f: S^n \to \mathbb{R}$ differenzierbar, so gibt es zwei verschiedene Punkte $p, q \in S^n$, so daß $T_p(f)$ und $T_q(f)$ beide 0 sind.

9. Sei $M = \{x \in \mathbb{R}^n \mid x_1^2 = x_2^2 + x_3^2 + \cdots + x_n^2$ und $x_1 \geq 0\}$, $n > 1$. Man zeige, daß M *keine* differenzierbare Untermannigfaltigkeit von $\mathbb{R}^n$ ist.

10. Sei $f: \mathbb{R}^n \to \mathbb{R}^k$ eine differenzierbare Abbildung, so daß für jede reelle Zahl t gilt: $f(t \cdot x) = t \cdot f(x)$. Man zeige: f ist linear.

11. Sei $f: \mathbb{R}^n \to \mathbb{R}^k$, $f(0) = 0$ eine differenzierbare Abbildung, und sei $f_t(x) = t^{-1} f(tx)$. Man zeige, daß sich $f_t(x)$ auf $\{t = 0\}$ durch Df_0 differenzierbar (in Abhängigkeit von t, x) fortsetzen läßt.

§ 3. Vektorraumbündel

Durch die Konstruktion des Tangentialraumes ist an jedem Punkt einer Mannigfaltigkeit ein Vektorraum angeheftet. Allgemein hat man in der Differentialtopologie und in der Topologie überhaupt häufig Anlaß, an jedem Punkt einer Mannigfaltigkeit oder eines topologischen Raumes einen Vektorraum anzuheften, so daß man also nicht einen einzelnen Vektorraum, sondern ein ganzes „Bündel" von Vektorräumen vor sich hat.

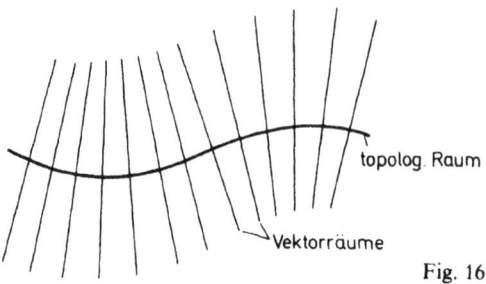

Fig. 16

(3.1) Definition. Ein (n-dimensionales reelles topologisches) *Vektorraumbündel* ist ein Tripel (E, π, X), wobei $\pi: E \to X$ eine stetige surjektive Abbildung ist, jedes $E_x := \pi^{-1}(x)$ mit der Struktur eines n-dimensionalen reellen Vektorraumes versehen ist und zwar so, daß gilt:
Axiom der lokalen Trivialität: Jeder Punkt von X hat eine Umgebung U, für die ein Homöomorphismus

$$f: \pi^{-1}(U) \to U \times \mathbb{R}^n$$

existiert, derart daß für jedes $x \in U$

$$f_x := f \mid E_x: \; E_x \to \{x\} \times \mathbb{R}^n$$

ein Vektorraum-Isomorphismus ist.

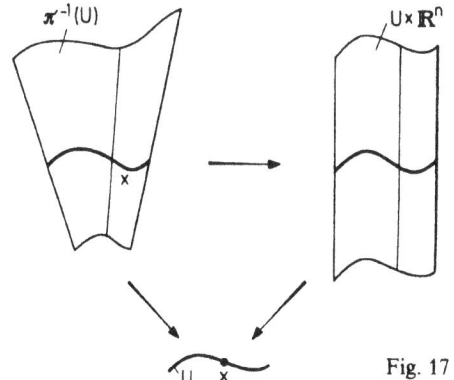

Fig. 17

Sprech- und Schreibweise: (E, π, X) heißt ein Vektorraumbündel „*über X*"; E heißt *Totalraum*, X *Basis* und π die *Projektion* des Bündels. Statt (E, π, X) schreibt man meist kurz E. Der Vektorraum E_x heißt *Faser über* $x \in X$.

(3.2) Definition. (f, U) wie im Axiom der lokalen Trivialität heißt „*Bündelkarte*". Ein Bündel über X heißt *trivial*, wenn es eine Bündelkarte (f, X) hat.

Die Vektorraumbündel über einem festen Raum X bilden in naheliegender Weise die Objekte einer Kategorie. Die zugehörigen „Morphismen" sind die sogenannten Bündelhomomorphismen, die nun definiert werden sollen.

(3.3) Definition. Es seien E und E' Vektorraumbündel über X. Eine stetige Abbildung $f: E \to E'$ heißt *Bündelhomomorphismus*, wenn

$$\begin{array}{ccc} E & \xrightarrow{f} & E' \\ & \searrow_{\pi} \swarrow_{\pi'} & \\ & X & \end{array}$$

kommutativ ist und jedes $f_x: E_x \to E'_x$ linear ist.

(3.4) Definition. Ist E ein n-dimensionales Vektorraumbündel über X und $E' \subset E$ eine Teilmenge, so daß es um jeden Punkt in X eine Bündelkarte (f, U) mit

$$f(\pi^{-1}(U) \cap E') = U \times \mathbb{R}^k \subset U \times \mathbb{R}^n$$

gibt, so ist $(E', \pi \,|\, E', X)$ in kanonischer Weise ein Vektorraumbündel über X und heißt ein k-dimensionales *Teilbündel* oder *Unterbündel* von E.

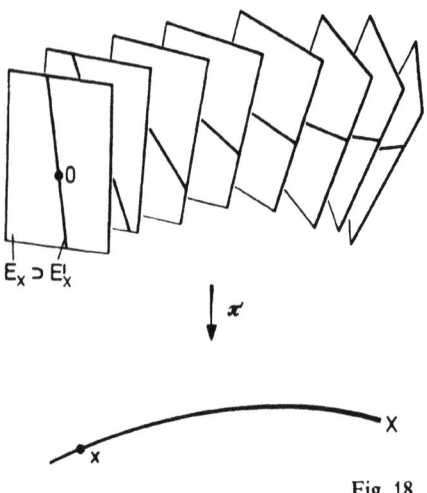

Fig. 18

(3.5) Lemma. *Ist $f: E \to F$ ein Bündelhomomorphismus von Vektorraumbündeln über X und $rg f_x = \text{const} = c$, dann ist*

$$\text{Kern } f := \bigcup_{x \in X} \text{Kern } f_x \quad \text{ein Teilbündel von } E \text{ und}$$

$$\text{Bild } f := \bigcup_{x \in X} \text{Bild } f_x \quad \text{ein Teilbündel von } F.$$

Beweis: Wir können uns den Beweis durch zwei Vorbemerkungen erleichtern: Erstens dürfen wir, weil es sich um ein lokales Problem handelt, $o B d A$ annehmen, die Bündel E und F seien $X \times \mathbb{R}^m$ und $X \times \mathbb{R}^n$. Zum zweiten genügt es aber auch, den Fall $n = m$ zu betrachten.

Denn nehmen wir einmal an, das Lemma sei für $n = m$ bewiesen. Ergänzen wir nun, für beliebiges (n, m), den niedrigerdimensionalen Raum um die fehlenden Koordinaten, so bleibt natürlich $rg f = \text{const}$, und wir haben falls $n \leq m$ nichts an F und Bild f und falls $n \geq m$ nichts an E und Kern f geändert. Wir haben dann also für $n \leq m$ Bild f und für $n \geq m$ Kern f als Teilbündel nachgewiesen. Wenden wir nun, falls $n < m$, diese Erkenntnis auf

$$f: E \to \text{Bild } f =: \tilde{F}$$

an, so folgt wegen $\dim E \geq \dim \tilde{F}$, daß auch Kern f ein Teilbündel von E ist; und analog erhalten wir für $n > m$ aus der Kern-Aussage auch die Bild-Aussage, wenn wir statt f

$$f \,|\, (\text{Kern } F)^\perp : (\text{Kern } f)^\perp \to F$$

betrachten, wobei das orthogonale Komplement $^\perp$, fasernweise in $\mathbb{R}^n$ genommen, aus dem Teilbündel Kern $f \subset X \times \mathbb{R}^m$ offenbar ein Teilbündel (Kern f)$^\perp$ mit dim (Kern)$^\perp \leq$ dim F macht.

Nun also zum eigentlichen Beweis. Sei $x \in X$. Wie man aus der Linearen Algebra weiß, darf man $oBdA$ annehmen, f sei an der Stelle x durch

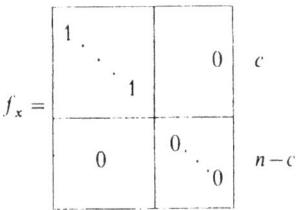

gegeben. Sei

$$P: \mathbb{R}^n \to \mathbb{R}^n$$
$$(x_1, \ldots, x_n) \to (x_{c+1}, \ldots, x_n)$$

die Projektion auf die letzten $n-c$ Koordinaten. Dann ist $f_x + P$ ein Isomorphismus, und deshalb ist, aus Stetigkeitsgründen, auch $f_u + P$ ein Isomorphismus für alle u in einer geeigneten offenen Umgebung U von x. Somit erhalten wir eine Bündelkarte

$$f + P: U \times \mathbb{R}^n \to U \times \mathbb{R}^n$$

mit $(f_u + P)(\text{Kern } f_u) = P(\text{Kern } f_u) \subset \mathbb{R}^{n-c}$, und aus Dimensionsgründen ist sogar $P(\text{Kern } f_u) = \mathbb{R}^{n-c}$. Also ist Kern f als Unterbündel nachgewiesen.

Für Bild f benutzen wir

$$(f + P)^{-1}: U \times \mathbb{R}^n \to U \times \mathbb{R}^n$$

als Bündelkarte: Es ist nämlich $(f_u + P)(\mathbb{R}^c) = f_u(\mathbb{R}^c) \subset \text{Bild } f_u$, also auch $\mathbb{R}^c \subset (f_u + P)^{-1}(\text{Bild } f_u)$, aber aus Dimensionsgründen ist dies sogar eine Gleichheit für alle $u \in U$; also ist Bild f ein Unterbündel. □

*

Nachdem wir uns in dieser Beweis-Oase erfrischt haben, begeben wir uns wieder in die Wüste der Definitionen. Zunächst muß ein anderer Gesichtspunkt erwähnt werden, unter dem man Bündel als in andern Bündeln enthalten ansehen kann.

(3.6) Definition. Ist (E, π, X) ein Vektorraumbündel und ist $X_0 \subset X$, so ist $(\pi^{-1}(X_0), \pi \mid \pi^{-1}(X_0), X_0)$ ein Vektorraumbündel über X_0, das gewöhnlich mit $E \mid X_0$ bezeichnet wird und die *Einschränkung* von E auf X_0 heißt.

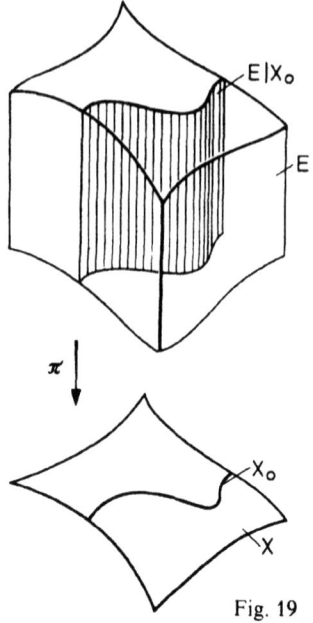

Fig. 19

(3.7) Definition („Schnitt"). Unter einem *Schnitt* eines Vektorraumbündels (E, π, X) versteht man eine stetige Abbildung $\sigma: X \to E$ mit $\sigma(x) \in E_x$ für alle $x \in X$. Jedes Vektorraumbündel hat zum Beispiel den „Nullschnitt"

$$X \to E$$
$$x \to 0 \in E_x$$

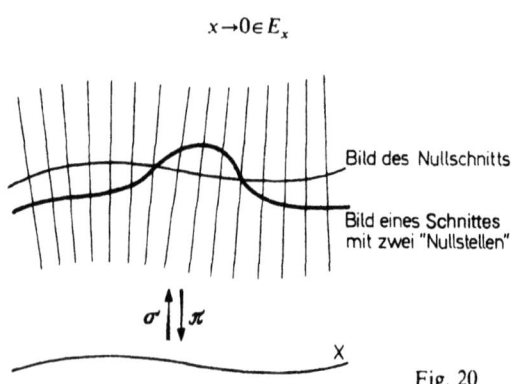

Fig. 20

(3.8) Notiz. Ist $\sigma: X \to E$ ein Schnitt, so ist $\sigma: X \to \sigma(X)$ ein Homöomorphismus.

Insbesondere kann man deshalb ohne Schaden das Bild des Nullschnittes als die Basis X selbst „auffassen", denn durch den Nullschnitt hat man einen kanonischen Homöomorphismus.

*

Aus einem Vektorraumbündel kann man neue „induzieren". Die Situation dabei ist diese: Gegeben sind ein n-dimensionales Vektorraumbündel E über Y und eine stetige Abbildung $f: X \to Y$:

$$\begin{array}{c} E \\ \downarrow \pi \\ X \xrightarrow{f} Y \end{array}$$

Dann entsteht das induzierte Bündel f^*E über X, indem man an jedes $x \in X$ die Faser $E_{f(x)}$ anheftet. Dieser Vorgang läßt sich so beschreiben:

(3.9) Definition. Sei (E, π, Y) ein Vektorraumbündel über Y und $f: X \to Y$ stetig. Man betrachte den Graphen von f

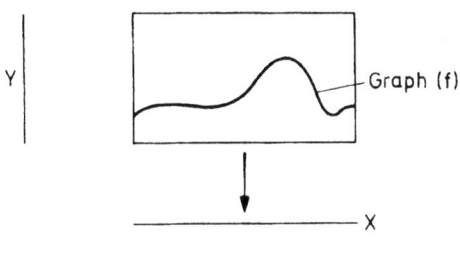

Fig. 21

und den kanonischen Homöomorphismus $\text{Graph}(f) \xrightarrow{\cong} X$. Dann ist durch die Zusammensetzung

$$\begin{array}{c} f^*E := (X \times E) \mid \text{Graph}(f) \subset X \times E \\ \downarrow \\ f^*\pi \quad \text{Graph}(f) \subset X \times Y \\ \downarrow \\ X \end{array}$$

ein Vektorraumbündel $(f^*E, f^*\pi, X)$ erklärt, daß das von f *induzierte Bündel* genannt wird.

(3.10) Notiz. Der Totalraum von f^*E ist $\{(x,e)\,|\,\pi(e)=f(x)\}\subset X\times E$. Diesen Raum nennt man auch das „*Faserprodukt*" von f und π.

*

Die durch die Projektion $X\times E\to E$ gegebene Abbildung $f^*E\to E$ bildet jede Faser von f^*E linear isomorph auf eine Faser von E ab. Solche Abbildungen nennt man „*Bündelabbildungen*". Als Oberbegriff von Bündelhomomorphismen und Bündelabbildungen betrachtet man noch die ganz allgemeinen „*linearen Abbildungen*", von denen nur verlangt wird, daß sie Fasern linear in Fasern abbilden:

(3.11) Definition. Sind E beziehungsweise F Vektorraumbündel über X beziehungsweise Y und $f:X\to Y$ stetig, so heißt eine stetige Abbildung $\tilde{f}:E\to F$ eine *lineare* Abbildung über f, wenn $\tilde{f}$ jede Faser E_x linear in $F_{f(x)}$ abbildet:

$$\begin{array}{ccc} E & \xrightarrow{\tilde{f}} & F \\ \downarrow & & \downarrow \\ X & \xrightarrow{f} & Y \end{array},$$

und wenn diese Abbildungen sogar Isomorphismen $E_x\cong F_{f(x)}$ sind, so heißt $\tilde{f}$ eine Bündelabbildung über f.

Der Grund, warum wir diese Terminologie der Bündelhomomorphismen, Bündelabbildungen und linearen Abbildungen gerade hier auseinandersetzen ist der, daß die Konstruktion des induzierten Bündels zeigt, wie man jede lineare Abbildung als Zusammensetzung eines Bündelhomomorphismus mit einer Bündelabbildung schreiben kann:

(3.12) Notiz. Ist $\varphi:E\to F$ eine lineare Abbildung von Vektorraumbündeln über f und ist $\tilde{f}:f^*F\to F$ die kanonische Bündelabbildung, so gibt es genau einen Bündelhomomorphismus $h:E\to f^*F$ so daß $\varphi=\tilde{f}\circ h$ ist:

$$\begin{array}{ccccc} E & \xrightarrow{h} & f^*F & \xrightarrow{\tilde{f}} & F \\ & \pi\searrow\downarrow & & & \downarrow \\ & & X & \xrightarrow{f} & Y \end{array},$$

nämlich $h(v)=(\pi(v),\varphi(v))\in X\times E$. Man nennt dies die „*universelle Eigenschaft*" des induzierten Bündels.

*

Bisher haben wir nur „topologische" Vektorraumbündel betrachtet. Nun soll auch der Begriff des differenzierbaren Vektorraumbündels über einer differenzierbaren Mannigfaltigkeit eingeführt werden. Dazu brauchen wir zuerst den Begriff des Bündelatlas.

(3.13) Definition. Sei (E,π,X) ein n-dimensionales Vektorraumbündel. Eine Menge $\{(f_\alpha,U_\alpha)\,|\,\alpha\in A\}$ von Bündelkarten heißt *Bündelatlas* von E, wenn $\bigcup_{\alpha\in A}U_\alpha=X$ ist. Die durch die Überlappungen der Bündelkarten

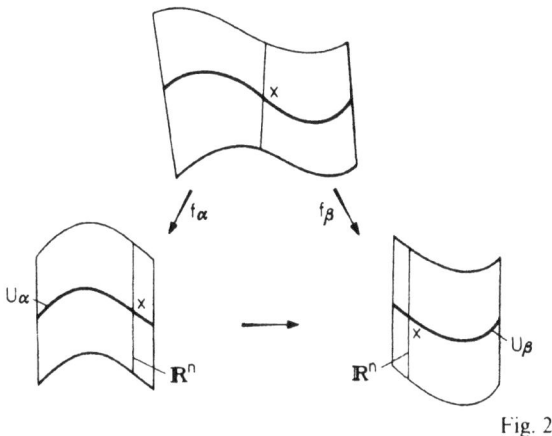

Fig. 22

gegebenen stetigen Abbildungen

$$U_\alpha \cap U_\beta \to GL(n,\mathbb{R})$$
$$x \mapsto f_{\beta x} \circ f_{\alpha x}^{-1}$$

heißen die *Übergangsfunktionen* des Atlanten.

(3.14) Definition. Ein Bündelatlas eines Vektorraumbündels über einer differenzierbaren Mannigfaltigkeit heißt *differenzierbar*, wenn alle seine Übergangsfunktionen differenzierbar sind. Ein *differenzierbares Vektorraumbündel* ist ein Paar $(E,\mathfrak{B})$, bestehend aus einem Vektorraumbündel E über M und einem maximalen differenzierbaren Bündelatlas $\mathfrak{B}$ für E.

(3.15) Notiz. Der Totalraum eines k-dimensionalen differenzierbaren Vektorraumbündels über einer n-dimensionalen Mannigfaltigkeit M ist in kanonischer Weise eine $(n+k)$-dimensionale differenzierbare Mannigfaltigkeit.

Hinweis: Unsere bisherigen Definitionen und Aussagen über topologische Vektorraumbündel übertragen sich in naheliegender Weise auf differenzierbare Vektorraumbündel.

*

Differenzierbare und topologische Vektorraumbündel treten uns oft in einer Form entgegen, in der man sie vielleicht „Prä-Vektorraumbündel" nennen könnte: Es sind die üblichen Bestimmungsstücke

E Totalraum
π Projektion
X Basis
$\mathfrak{B}$ Bündelatlas

gegeben, mit dem einzigen Mangel, daß auf E die Topologie noch nicht erklärt ist, E erscheint zunächst einfach als Vereinigung der (disjunkten!) Vektorräume $E_x = \pi^{-1}(x)$. Man kann dann jedoch diese Topologie in kanonischer Weise einführen und dadurch ein richtiges Vektorraumbündel erklären.

*

Da wir sehr viele unserer geometrisch relevanten Vektorraumbündel auf diese Weise gewinnen, soll der Begriff des „Prä-Vektorraumbündels" auch formal und genau angegeben werden:

(3.16) Definition. Ein n-dimensionales *Prä-Vektorraumbündel* ist ein Quadrupel $(E, \pi, X, \mathfrak{B})$, bestehend aus einer Menge (!) E, einem topologischen Raum X, einer surjektiven Abbildung $\pi: E \to X$ mit einer Vektorraumstruktur auf jedem $E_x := \pi^{-1}(x)$ und einem „*Prä-Bündelatlas*" $\mathfrak{B}$, d. h. einer Menge $\{(f_\alpha, U_\alpha) \mid \alpha \in A\}$, wobei $\{U_\alpha \mid \alpha \in A\}$ eine offene Überdeckung von X ist und

$$f_\alpha: \pi^{-1}(U_\alpha) \to U_\alpha \times \mathbb{R}^n$$

jeweils eine bijektive Abbildung, die für jedes $x \in U_\alpha$ die Faser E_x linear isomorph auf $\{x\} \times \mathbb{R}^n$ abbildet und zwar so, daß alle Übergangsfunktionen $U_\alpha \cap U_\beta \to GL(n, \mathbb{R})$ von $\mathfrak{B}$ stetig sind.

(3.17) Erste Notiz dazu: Ist $(E, \pi, X, \mathfrak{B})$ ein Prä-Vektorraumbündel, dann gibt es genau eine Topologie auf E, bezüglich der (E, π, X) ein Vektorbündel und $\mathfrak{B}$ ein Bündelatlas davon ist.

(3.18) Zweite Notiz dazu: Ist M eine differenzierbare Mannigfaltigkeit und $(E, \pi, M, \mathfrak{B})$ ein differenzierbares Prä-Vektorraumbündel, d. h. sind die Übergangsfunktionen von $\mathfrak{B}$ alle differenzierbar, dann ist durch die maximale Erweiterung $\bar{\mathfrak{B}}$ von $\mathfrak{B}$ offenbar sogar ein differenzierbares Vektorraumbündel $(E, \bar{\mathfrak{B}})$ über M gegeben.

*

Unsere erste Anwendung, um deretwillen allein sich die ganze Begriffsbildung schon gelohnt hätte, ist die Konstruktion des Tangentialbündels.

(3.19) Definition (Tangentialbündel). Sei M eine differenzierbare n-dimensionale Mannigfaltigkeit und $\mathfrak{A}$ ein differenzierbarer Atlas von M. Dann ist ein differenzierbares Prä-Vektorraumbündel $(TM, \pi, M, \mathfrak{B})$ wie folgt gegeben

$$TM := \bigcup_{p \in M} T_p M$$
$$\pi: \quad \text{kanonisch } (T_p M \to p)$$
$$\mathfrak{B} := \{(f_h) \mid (h, U) \in \mathfrak{A}\},$$
$$\text{wobei} \quad f_h: \pi^{-1}(U) \to U \times \mathbb{R}^n$$
$$X \mapsto p \times (v_1, \ldots, v_n)$$

durch die „physikalischen" Koordinaten $v_i = X(h_i)$ von $X \in T_p M$ bezüglich (h, U) gegeben ist (2.5).

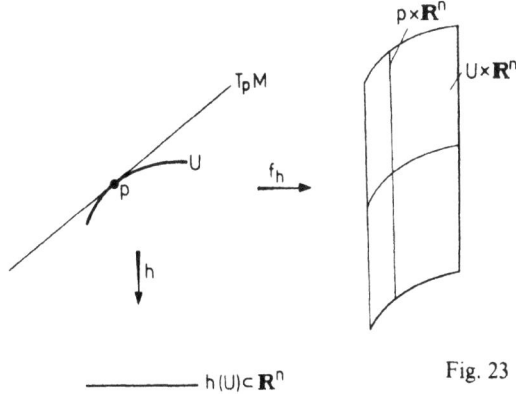

Fig. 23

Das dadurch gegebene, von der Wahl des Atlanten offenbar unabhängige differenzierbare n-dimensionale Vektorraumbündel TM über M heißt das *Tangentialbündel* von M.

(3.20) Definition. Sei M eine differenzierbare Mannigfaltigkeit. Unter einem (differenzierbaren) *Vektorfeld* auf M versteht man einen (differenzierbaren) Schnitt

$$M \to TM$$

des Tangentialbündels.

(3.21) Definition. Ist $f: M \to N$ eine differenzierbare Abbildung, so ist durch die Differentiale

$$T_p f : T_p M \to T_{f(p)} N$$

eine differenzierbare Abbildung

$$Tf: TM \to TN$$

definiert (wie man aus (2.4) sieht), die „*das Differential*" von f heißt.

(3.22) Notiz. Das Differential ist eine „lineare Abbildung von Vektorraumbündeln". Wie als (3.12) bemerkt, gibt es genau einen Bündelhomomorphismus $TM \to f^*TN$, so daß das Diagramm

$$\begin{array}{ccc} TM & \xrightarrow{Tf} & TN \\ & \searrow \quad \nearrow & \\ & f^*TN & \end{array}$$

kommutativ ist.

(3.23) Aufgaben

1. Es sei U ein topologischer Raum und $f: U \to M(n \times k, \mathbb{R})$ eine Abbildung in den Raum der reellen $(n \times k)$-Matrizen. Man zeige, daß die durch f gegebene Abbildung
$$F: U \times \mathbb{R}^k \to \mathbb{R}^n$$
$$(u, x) \mapsto f(u) \cdot x$$
genau dann stetig ist, wenn f stetig ist. Man beweise ferner: Ist U eine Mannigfaltigkeit, so ist F genau dann differenzierbar, wenn f differenzierbar ist.
Hinweis: Von dieser Tatsache wurde im Text implizit schon gelegentlich Gebrauch gemacht.

2. Sei (E, π, X) ein Vektorraumbündel über einem zusammenhängenden Raum X, $f: E \to E$ ein Bündelhomomorphismus und $f \circ f = f$. Man zeige: f hat konstanten Rang.

3. Sei (E, π, X) ein Vektorraumbündel über einem zusammenhängenden Raum X und $f: E \to E$ ein Bündelhomomorphismus mit $f \circ f = \text{Id}_E$. Man zeige, daß $\text{Fix}(f) := \{v \in E \mid f(v) = v\}$ ein Teilbündel von E ist.

4. Sei E ein Vektorraumbündel über X, sei $X_0 \subset X$ ein Teilraum und $i: X_0 \subset X$ die Inklusion. Man zeige, daß i^*E und $E|X_0$ kanonisch isomorph sind.

5. Man zeige: Ist (E, π, X) ein triviales Vektorraumbündel, so ist auch jedes induzierte Bündel f^*E (für $f: Y \to X$) trivial.

6. Sei (E, π, X) ein Vektorraumbündel und $\pi_0 := \pi \mid E - \{\text{Nullschnitt}\}$. Man gebe einen nirgends verschwindenden „kanonischen" Schnitt von $\pi_0^* E$ an.

7. Man zeige, daß ein Vektorraumbündel genau dann trivial ist, wenn es einen Bündelatlas besitzt, dessen sämtliche Übergangsfunktionen Abbildungen auf $\{\text{Id}\} \subset GL(n, \mathbb{R})$ sind.

8. Über $\mathbb{R}P^n = S^n/\sim$ betrachten wir das eindimensionale Teilbündel
$$\eta_n := \{([x], \lambda x) \mid x \in S^n, \lambda \in \mathbb{R}\}$$
von $\mathbb{R}P^n \times \mathbb{R}^{n+1}$ (Warum ist das ein Teilbündel?). Man beweise: Für $n \geq 1$ ist η_n nicht trivial (Hinweis: Man betrachte $\eta_n - \{\text{Nullschnitt}\}$).

9. Man beweise: Jedes 1-dimensionale Vektorraumbündel über S^1 ist entweder trivial oder zu dem durch
$$\begin{array}{c}\eta_1 \\ \downarrow \\ S^1 \cong \mathbb{R}P^1\end{array}$$
gegebenen Bündel isomorph. Die Fläche η_1 ist das offene *Möbiusband* (Fig. 6, Fig. 24).

10. Man beweise: Entfernt man aus $\mathbb{R}P^{n+1}$ einen Punkt, so behält man eine Mannigfaltigkeit übrig, die zum Totalraum von η_n diffeomorph ist:
$$\mathbb{R}P^{n+1} - pt \cong \eta_n.$$
Hinweis: $o Bd A \, pt = [0, \ldots, 0, 1]$.

11. Sei $n \geq 1$. Man zeige, daß es genau zwei Isomorphietypen von n-dimensionalen Vektorraumbündeln über S^1 gibt (vergleiche Aufgabe 9).
12. Man zeige: $TS^1 \cong S^1 \times \mathbb{R}$.
13. Man zeige: Das Tangentialbündel von S^2 besitzt einen Atlas aus zwei Bündelkarten.
14. Sei M zusammenhängend. Man zeige, daß eine differenzierbare Abbildung $f: M \to N$, deren Differential Tf überall Null ist, konstant sein muß.
15. Man zeige: Ist $f: M \to N$ eine Einbettung, so auch $Tf: TM \to TN$.
16. Man gebe auf S^2 ein Vektorfeld an, das genau zwei Nullstellen hat.
17. Man gebe auf S^2 ein Vektorfeld an, das genau eine Nullstelle hat.
18. Sei $M \subset \mathbb{R}^n$ eine Untermannigfaltigkeit. Zeige:
$$TM \cong \{(x,v) \in M \times \mathbb{R}^n \mid v \in T_x M \subset \mathbb{R}^n\}.$$
19. Zeige, daß die Untermannigfaltigkeit von $\mathbb{C}^{n+1}$
$$E = \{(z_0, \ldots, z_n) \in \mathbb{C}^{n+1} \mid z_0^2 + \cdots + z_n^2 = 1\}$$
diffeomorph zum Totalraum des Tangentialbündels der Sphäre S^n ist.

§ 4. Lineare Algebra für Vektorraumbündel

Die algebraischen Operationen, die man in der Linearen Algebra mit Vektorräumen und Homomorphismen vornimmt, kann man gewöhnlich ebenso an Vektorraumbündeln und Bündelhomomorphismen ausführen, indem man eben an jedem Punkte der Basis mit den Fasern so verfährt, wie man es in der linearen Algebra gelernt hat. So bildet man z. B. die direkte Summe $E \oplus F$ (die sogenannte „Whitney-Summe") zweier Vektorraumbündel E und F über X, indem man an jedem Punkt $x \in X$ die direkte Summe $E_x \oplus F_x$ als Faser von $E \oplus F$ verwendet, usw.

*

Natürlich müssen wir die Bündelstruktur der so entstehenden Familien von Vektorräumen genauer erklären.

(4.1) Definition als Musterbeispiel. Seien E und F Vektorraumbündel über X mit Bündelatlanten $\mathfrak{A}$ und $\mathfrak{B}$. Dann ist auf folgende Weise ein Prä-Vektorraumbündel $E \oplus F$ gegeben:

$$E \oplus F := \bigcup_{x \in X} E_x \oplus F_x$$

Projektion: kanonisch
Atlas: $\{(\varphi \oplus \psi, U \cap V \mid (\varphi, U) \in \mathfrak{A}, (\psi, V) \in \mathfrak{B}\}$,
wobei $\varphi \oplus \psi$ in der naheliegenden Weise zu verstehen ist:

$$E_x \oplus F_x \xrightarrow{\varphi_x \oplus \psi_x} \{x\} \times \mathbb{R}^n \oplus \mathbb{R}^k.$$

Das zu diesem Prä-Vektorraumbündel gehörige Vektorraumbündel $E \oplus F$ heißt die *Whitney-Summe* von E und F.

(4.2) Ergänzung dazu. Sind $f: E \to E'$ und $g: F \to F'$ Bündelhomomorphismen, so ist auf kanonische Weise ein Bündelhomomorphismus $f \oplus g: E \oplus F \to E' \oplus F'$ definiert.

(4.3) Notiz. Sind E und F differenzierbar, so in kanonischer Weise auch $E \oplus F$; sind f und g differenzierbar, so auch $f \oplus g$.

(4.4) Weitere Beispiele. Analog überträgt man andere Begriffe der linearen Algebra „fasernweise" auf die Kategorie der topologischen beziehungsweise differenzierbaren Vektorraumbündel über X; man erhält so zum Beispiel die Begriffe

(i) *Tensorprodukt* $E \otimes F$
(ii) *Quotientenbündel* E/F (falls F Teilbündel von E ist)
(iii) *Duales Bündel* E^*
(iv) *Homomorphismenbündel* $\text{Hom}(E,F)$
(v) *Bündel* $Alt^k(E)$ *der alternierenden k-Formen*
(vi) *Bündel* $\Lambda^k E$ *der k-fachen äußeren Potenzen*

von Vektorraumbündeln E, F über X und, in kanonischer Weise, die zugehörigen Begriffe für die Bündelhomomorphismen.

*

Hinweis. Man muß darauf achten, daß einige der hier auf Bündel übertragenen Funktoren der linearen Algebra *kontravariant* sind, zum Beispiel Hom in der ersten Variablen: Bündelhomomorphismen $f: A \to B$ und $g: F \to F'$ induzieren einen Bündelhomomorphismus

$$\text{Hom}(f,g): \text{Hom}(B,F) \to \text{Hom}(A,F'),$$

nämlich durch

$$\begin{array}{ccc} B & \to & F \\ f \uparrow & & \downarrow g \\ A & \to & F'. \end{array}$$

Entsprechend wird auch schon die Bündelkarte von Hom (E,F), die man aus Bündelkarten (φ, U) von E und (ψ, V) von F erhält, durch

$$\text{Hom}(\varphi^{-1}, \psi): \text{Hom}(E,F) | U \cap V \to (U \cap V) \times \text{Hom}(\mathbb{R}^n, \mathbb{R}^k) = (U \cap V) \times \mathbb{R}^{nk}$$

gegeben.

*

Eine sorgfältige Überlegung verdient der Begriff der Orientierung. Natürlich orientiert man ein Vektorraumbündel dadurch, daß man jede einzelne Faser orientiert und zwar so, daß bei stetigem Umherwandern auf der Basis die Orientierung in der Faser nicht plötzlich „umklappen" kann:

(4.5) Definition (Orientierung eines Vektorraumbündels). Sei E ein n-dimensionales Vektorraumbündel über X. Eine Familie

$$o = \{o_x\}_{x \in X}$$

von Orientierungen o_x der Fasern E_x heißt eine *Orientierung* von E, wenn es um jeden Punkt von X eine Bündelkarte (f, U) für E gibt, so daß durch $f_u: E_u \cong \mathbb{R}^n$

die Orientierung o_u für jedes $u \in U$ in dieselbe Orientierung von $\mathbb{R}^n$ übertragen wird.

*

Während wir bisher die Konstruktionen der linearen Algebra einfach fasernweise oder kartenweise auf Vektorraumbündel übertragen konnten, tritt hier zum ersten Mal ein *globales* Phänomen auf: Für *einen* Vektorraum, *eine* Faser, kann man stets eine Orientierung wählen, aber das ganze Bündel braucht nicht orientierbar zu sein.

Orientiert man nämlich eine bestimmte Faser E_x, so breitet sich diese Orientierung einfach durch die Karten (f, U) in (4.5) auf die Fasern über Punkten der Umgebung U von x aus.

Versucht man aber auf diese Weise alle Fasern von E, von benachbarten zu benachbarten fortgehend, zu orientieren, so bemerkt man bei gewissen Bündeln, daß gerade dieses Verfahren an irgend einer Stelle zum Umklappen der Orientierung führen muß.

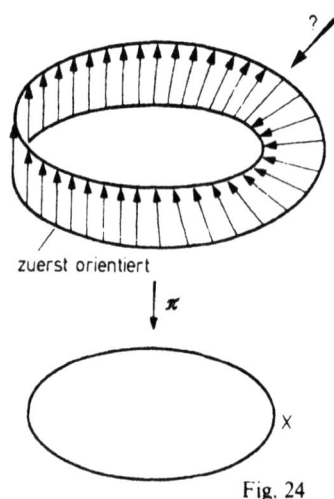

Fig. 24

Nun muß man aber auch an nichtorientierbaren Bündeln manchmal Orientierungsüberlegungen anstellen (zum Beispiel über den Beweis der Nichtorientierbarkeit oder darüber, ob man einen bestimmten für orientierbare Bündel bewiesenen Satz auch auf nichtorientierbare anwenden darf), und dafür ist es sehr nützlich den Begriff der Orientierungsüberlagerung zu kennen, der für jedes Bündel erklärt ist.

(4.6) Definition und Notiz. Sei (E, π, X) ein n-dimensionales Vektorraumbündel und folglich $\Lambda^n E$ das 1-dimensionale der n-ten äußeren Potenzen. Definiert man in $\Lambda^n E - \{\text{Nullschnitt}\}$ durch $x \sim y :\Leftrightarrow y = \lambda x$ für ein $\lambda > 0$ eine Äquivalenzrelation $\sim$

und führt auf der Menge $\tilde{X}(E)$ der Äquivalenzklassen die Quotiententopologie ein, so ist die kanonische Projektion

$$\tilde{X}(E) \atop \downarrow \tilde{\pi} \atop X$$

eine zweiblättrige Überlagerung von X und heißt die *Orientierungsüberlagerung von E*.

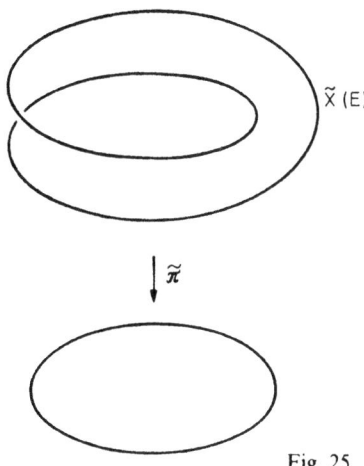

Fig. 25

Die aus der linearen Algebra bekannte Beziehung zwischen Orientierung und *n*-fachem äußerem Produkt (zwei Basen $(v_1, \ldots, v_n)$ und $(w_1, \ldots, w_n)$ sind genau dann

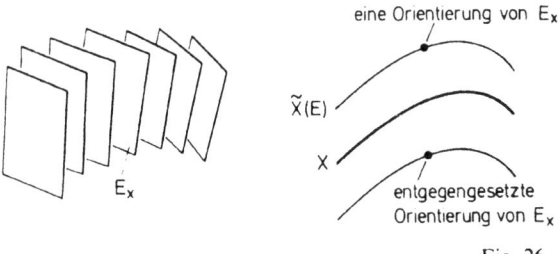

Fig. 26

gleich orientiert, wenn sich $v_1 \wedge \cdots \wedge v_n$ und $w_1 \wedge \cdots \wedge w_n$ nur um einen positiven Faktor unterscheiden) zeigt sofort, daß $\tilde{X}(E)$ als Menge kanonisch dasselbe ist wie die Menge aller Orientierungen aller Fasern und $\tilde{\pi}^{-1}(x)$ aus den zwei Orientierungen von E_x besteht.
Es ist auch gut, sich $\tilde{X}(E)$ in dieser Weise vorzustellen; die Beschreibung als

$$(\Lambda^n E - \text{Nullschnitt})/\sim$$

hat technisch den Vorzug, gleich die Topologie von $\tilde{X}(E)$ anzugeben.

(4.7) Notiz. E ist genau dann orientierbar, wenn $\tilde{X}(E)$ als Überlagerung trivial, d.h. zu $X \times \mathbb{Z}_2$ isomorph ist. Eine Orientierung von E ist dann als ein Schnitt $X \xrightarrow{\sigma} \tilde{X}(E)$ (stetige Abbildung mit $\pi \circ \sigma = \text{Id}_X$) aufzufassen.

(4.8) Notiz. Die Überlagerung $\tilde{X}(E)$ ist übrigens auch kanonisch isomorph zu (d.h. hätte also auch beschrieben werden können als) $(\Lambda^n E^* - \text{Nullschnitt})/\sim$ und $(\text{Alt}^n E - \text{Nullschnitt})/\sim$.

(4.9) Definition (Orientierung einer Mannigfaltigkeit). Unter einer *Orientierung* einer Mannigfaltigkeit M versteht man eine Orientierung des Tangentialbündels TM.

*

Ein anderer Begriff aus der linearen Algebra, dessen Übertragung auf Vektorraumbündel einige Aufmerksamkeit verdient, ist der des Skalarproduktes.

Ist V ein reeller Vektorraum, so kann man bekanntlich die Bilinearformen

$$V \times V \to \mathbb{R}$$

gerade als die Elemente von $(V \otimes V)^*$ auffassen. Ist nun E ein Vektorraumbündel über X, so ist nach (4.4) das Bündel $(E \otimes E)^*$ erklärt und wir definieren

(4.10) Definition (Skalarprodukt, Riemannsche Metrik). Ist (E, π, X) ein Vektorraumbündel, so verstehen wir unter einem *Skalarprodukt* oder einer *Riemannschen Metrik* für E einen stetigen Schnitt

$$s: X \to (E \otimes E)^*,$$

so daß für jedes $x \in X$ die dadurch gegebene Bilinearform

$$E_x \times E_x \to \mathbb{R}$$
$$(v, w) \mapsto \langle v, w \rangle_x$$

symmetrisch und positiv definit ist. Die Metrik heißt *differenzierbar*, wenn X eine Mannigfaltigkeit und E und s differenzierbar sind.

(4.11) Bemerkung. Ist das Vektorraumbündel E mit einer Riemannschen Metrik versehen und $F \subset E$ ein Untervektorraumbündel, so ist auch

$$F^\perp := \bigcup_{x \in X} F_x^\perp$$

ein Untervektorraumbündel.

Beweis: Ist (f,U) eine Bündelkarte von E, die $F|U$ als $U\times(\mathbb{R}^k\times 0)\subset U\times\mathbb{R}^n$ darstellt und sind $v_1,\ldots,v_n$ die Schnitte von $E|U$, die unter f den kanonischen Basisvektoren von $\mathbb{R}^n$ entsprechen, so erhält man durch das Schmidtsche Orthonormalisierungsverfahren Schnitte $v'_1,\ldots,v'_n$ von $E|U$, die an jedem $x\in U$ eine orthonormale Basis von E_x bilden und zwar so, daß die $v'_1(x),\ldots,v'_k(x)$ gerade F_x, also die $v'_{k+1}(x),\ldots,v'_n(x)$ gerade $F_x^\perp$ aufspannen.

Deshalb ist durch

$$f': E|U \to U\times\mathbb{R}^n$$

$$\lambda_1 v'_1(x)+\cdots+\lambda_n v'_n(x) \to (x,\lambda_1,\ldots,\lambda_n)$$

eine Bündelkarte gegeben, die $F|U$ als $U\times\mathbb{R}^k$ und $F^\perp|U$ als das komplementäre $U\times\mathbb{R}^{n-k}$ darstellt. □

Da f' offenbar in jeder Faser orthogonal ist, können wir als Nebenresultat dieses Beweises notieren

(4.12) Notiz. Jedes Vektorraumbündel mit Riemannscher Metrik besitzt einen Bündelatlas aus fasernweise orthogonalen Bündelkarten. Insbesondere sind die Übergangsfunktionen eines solchen Atlanten Abbildungen in $O(n)\subset GL(n,\mathbb{R})$.

*

(4.13) Notiz. Ist E mit einer Riemannschen Metrik versehen und $F\subset E$ ein Teilbündel, so ist die Zusammensetzung

$$F^\perp \subset E \xrightarrow[\text{Proj.}]{} E/F$$

ein Bündelisomorphismus $F^\perp\cong E/F$; man darf also E/F einfach als $F^\perp$ auffassen.

Man hat aus Dimensionsgründen nur zu überlegen, daß der Kern dieser Zusammensetzung verschwindet. Für jede Faser bedeutet das $F_x^\perp\cap F_x=0$.

Diese anschauliche Vorstellung vom Quotientenbündel als orthogonalem Komplement soll man sich insbesondere beim Normalbündel einer Untermannigfaltigkeit machen:

(4.14) Definition (Normalbündel). Ist M eine differenzierbare Mannigfaltigkeit und $X\subset M$ eine Untermannigfaltigkeit, so heißt „*Normal X*",

$$\perp X := (TM|X)/TX$$

das *Normalbündel* von X in M

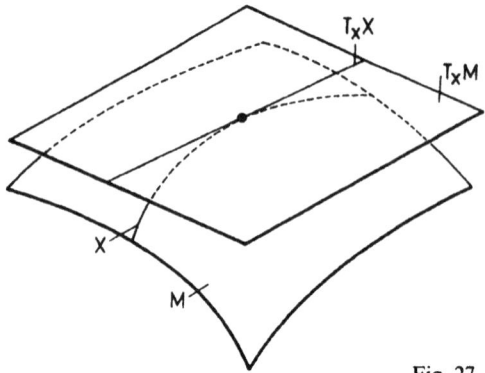

Fig. 27

(4.15) Definition (Riemannsche Mannigfaltigkeit). Eine Mannigfaltigkeit M, deren Tangentialbündel mit einem differenzierbaren Skalarprodukt versehen ist, nennt man eine *Riemannsche Mannigfaltigkeit* („eine Riemannsche Mannigfaltigkeit ist ein Paar $(M, \langle , \rangle)$, bestehend ...").

(4.16) Notiz. Ist M eine Riemannsche Mannigfaltigkeit und $X \subset M$ eine Untermannigfaltigkeit, so ist das Normalbündel von X in M kanonisch zu $(TX)^\perp$ isomorph.

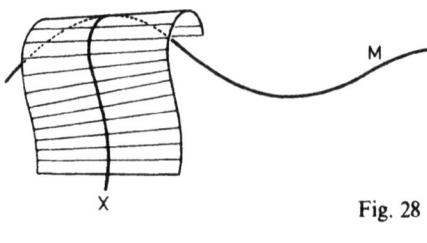

Fig. 28

*

Nun aber zu der wichtigen Frage der Existenz Riemannscher Metriken auf Vektorraumbündeln. Sei (E, π, X) ein Vektorraumbündel. Wir suchen einen Schnitt

$$s: X \to (E \otimes E)^*,$$

so daß jedes $s(x)$ symmetrisch und positiv definit ist. Natürlich ist es leicht, zu jeder Bündelkarte (f, U) von E einen solchen Schnitt für $E|U$ zu finden, wir brauchen ja nur vom gewöhnlichen Skalarprodukt in $\mathbb{R}^n$ auszugehen; $E|U \cong U \times \mathbb{R}^n$. Tun wir dies für jede Karte eines Bündelatlas, so kommen wir in folgende Situation:

Wir haben dann „lokale" Schnitte:

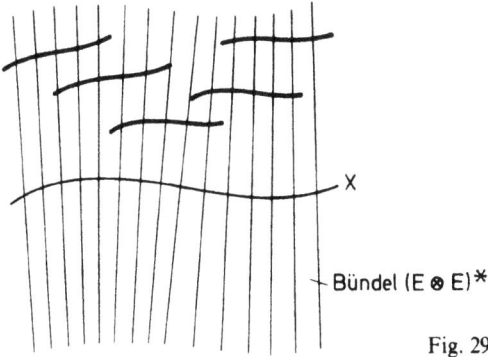

Fig. 29

Wir suchen jedoch einen globalen Schnitt:

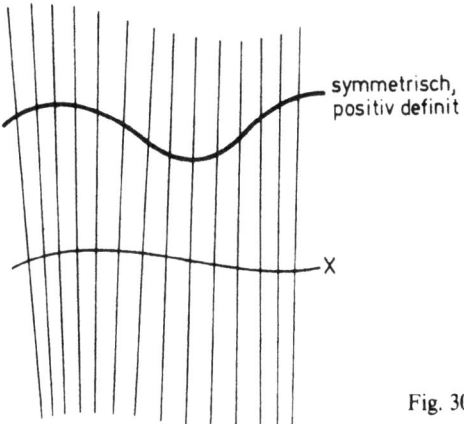

Fig. 30

Vor einem solchen Problem steht man in der Topologie häufig, und es kann durchaus schwierig oder unlösbar sein (Orientierung!). Es gibt jedoch Rat und Hilfe, wenn die von den Vektoren $s(x)$ geforderte Eigenschaft eine „*konvexe*" Eigenschaft ist, d. h. wenn mit $s_1(x)$ und $s_2(x)$ auch alle

$$(1-t)s_1(x) + t s_2(x)$$

für $t \in [0,1]$ diese Eigenschaft haben:

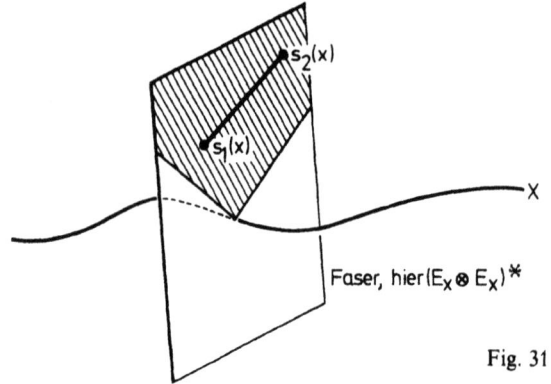

Fig. 31

Symmetrie und positive Definitheit sind solche konvexen Eigenschaften.

*

Das technische Hilfsmittel, mit dem man die lokal gegebenen Schnitte zu einem globalen Schnitt zusammenflickt – ein Werkzeug, das der Differentialtopologe immer bereit haben muß – ist eine Zerlegung der Eins:

(4.17) Definition. Sei X ein topologischer Raum. Eine Familie $\{\tau_\alpha\}_{\alpha \in A}$ von stetigen Funktionen

$$\tau_\alpha : X \to [0,1]$$

heißt eine *Zerlegung* (oder *Partition*) *der Eins*, wenn jeder Punkt in X eine Umgebung hat, in der nur endlich viele der τ_α von Null verschieden sind und für alle $x \in X$ gilt:

$$\sum_{\alpha \in A} \tau_\alpha(x) = 1.$$

(4.18) Definition. Eine solche Zerlegung der Eins heißt einer gegebenen Überdeckung von X *untergeordnet* oder *subordiniert*, wenn für jedes α der *Träger* von τ_α (das ist $Tr\,\tau_\alpha := \overline{\{x \in X \mid \tau_\alpha(x) \neq 0\}}$) ganz in einer der Überdeckungsmengen enthalten ist.

(4.19) Zitat eines Satzes aus der Topologie (vgl. [8], S. 88, Satz 4): *Ist X parakompakt, so gibt es zu jeder offenen Überdeckung eine subordinierte Zerlegung der Eins.*

(4.20) Korollar. *Ist E ein Vektorraumbündel über einem parakompakten Raum (z. B. einer Mannigfaltigkeit), so kann man E mit einer Riemannschen Metrik versehen.*

Beweis: Sei $\mathfrak{A}$ ein Atlas von E und $\{\tau_\alpha\}_{\alpha \in A}$ eine zu $\{U\}_{(f,U) \in \mathfrak{A}}$ subordinierte Zerlegung der Eins. Zu jedem α wählen wir eine Bündelkarte (f_α, U_α), so daß

$Tr \tau_\alpha \subset U_\alpha$ und eine Riemannsche Metrik s_α für $E|U_\alpha$. Dann ist $\tau_\alpha s_\alpha$ ein auf ganz X definierter stetiger Schnitt von $(E\otimes E)^*$, wenn man $\tau_\alpha s_\alpha$ außerhalb des Trägers von τ_α als den Nullschnitt versteht:

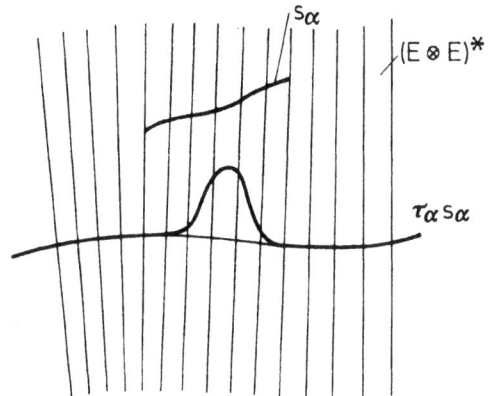

Fig. 32

Dann ist offenbar $s := \sum_{\alpha \in A} \tau_\alpha s_\alpha$ eine Riemannsche Metrik für X. □

(4.21) Hinweis. Auf differenzierbaren Mannigfaltigkeiten gibt es zu jeder offenen Überdeckung sogar eine *differenzierbare* subordinierte Zerlegung der Eins, d. h. die τ_α können differenzierbar gewählt werden, und folglich hat jedes differenzierbare Vektorraumbündel auch eine differenzierbare Riemannsche Metrik. Wegen der großen Wichtigkeit der differenzierbaren Zerlegungen der Eins in der Differentialtopologie sollen sie aber nicht mit dieser Bemerkung abgetan sein, sondern ihre Existenz wird in § 7 ausführlich bewiesen werden, bis wohin wir uns ihres Gebrauches enthalten wollen.

(4.22) Aufgaben

1. Man erkläre, wie die Bündelhomomorphismen
$$f: E \to F$$
als die Schnitte in $E^* \otimes F = \text{Hom}(E,F)$ aufzufassen sind.
2. Man beweise: Ist $E_1 \oplus E_2 \cong E_3$ und sind zwei der Vektorraumbündel E_i orientierbar, dann auch das dritte.
3. Sei E ein orientierbares Vektorraumbündel und $F \subset E$ ein Teilbündel. Man zeige, daß E/F genau orientierbar ist, wenn F orientierbar ist.

4. Man beweise: Ein Vektorraumbündel ist genau dann orientierbar, wenn es einen Bündelatlas besitzt, dessen sämtliche Übergangsfunktionen Abbildungen in $GL^+(n,\mathbb{R}):=\{A\in GL(n,\mathbb{R})|\det A>0\}$ sind.
5. Sei E ein Vektorraumbündel. Man zeige, daß $E\oplus E$ orientierbar ist.
6. Sei (E,π,X) ein Vektorraumbündel und $\tilde{\pi}:\tilde{X}(E)\to X$ seine Orientierungsüberlagerung. Man zeige, daß $\tilde{\pi}^*E$ eine (kanonische) Orientierung besitzt.
7. Unter der Orientierungsüberlagerung $\tilde{M}\to M$ einer Mannigfaltigkeit M versteht man die Orientierungsüberlagerung von TM. Man zeige, daß die Mannigfaltigkeit $\tilde{M}$ orientierbar ist.
8. Man zeige, daß $\mathbb{R}P^n$ für ungerade n orientierbar und für gerade n nicht orientierbar ist.
9. Man zeige, daß für jede Untermannigfaltigkeit $M\subset\mathbb{R}^n$ die Whitney-Summe

$$TM\oplus\perp M$$

des Tangentialbündels mit dem Normalbündel trivial ist.
10. Ein Vektorraumbündel heißt *stabil trivial*, wenn seine Whitney-Summe mit einem geeigneten trivialen Bündel trivial ist. Man zeige, daß TS^n stabil trivial ist.
11. Sei M eine Mannigfaltigkeit und Δ_M die Diagonale in $M\times M$:

$$\Delta_M:=\{(x,x)\in M\times M|x\in M\}.$$

Man zeige, daß Δ_M eine Untermannigfaltigkeit von $M\times M$ ist, für die Tangential- und Normalbündel isomorph sind: $T\Delta_M\cong\perp\Delta_M$.
12. Man zeige: Ist (E,π,X) ein triviales Bündel mit einer Riemannschen Metrik, dann gibt es einen Bündelisomorphismus

$$E\cong X\times\mathbb{R}^n,$$

der in jeder Faser isometrisch ist.
13. Sei E ein Vektorraumbündel über X und $\mathfrak{A}$ ein Bündelatlas für E, dessen sämtliche Übergangsfunktionen Abbildungen in $O(n)\subset GL(n,\mathbb{R})$ sind. Man zeige: Es gibt genau eine Riemannsche Metrik $\langle\,,\rangle$ auf E, so daß alle Karten von $\mathfrak{A}$ Isometrien in den Fasern sind.
14. Sei X ein Raum, auf dem es zu jeder offenen Überdeckung eine subordinierte Zerlegung der Eins gibt (z. B. eine Mannigfaltigkeit). Man zeige: Für jedes „Linienbündel" (d. h. 1-dimensionales Vektorraumbündel) L über X ist $L\otimes L$ trivial.
15. Zeige, daß ein Produkt zweier nicht leerer differenzierbarer Mannigfaltigkeiten genau dann orientierbar ist, wenn beide Faktoren es sind.

§ 5. Lokale und tangentiale Eigenschaften

Für das lokale Studium von Mannigfaltigkeiten ist es vor allem wichtig zu sehen, ob ein Keim $\overline{f}:(M,p)\to(N,q)$ invertierbar ist, das heißt, ob eine Abbildung eine Umgebung von p diffeomorph auf eine Umgebung von q abbildet. Die Funktoreigenschaft zeigt, daß für einen solchen Keim das Differential $T_p f: T_p M \to T_q N$ isomorph ist, und die Differentialrechnung lehrt, daß diese Bedingung auch hinreichend ist.

(5.1) Satz über die Umkehrfunktion. *Ein differenzierbarer Keim ist genau dann invertierbar, wenn sein Differential isomorph ist.*

Führen wir Karten $\overline{h}:(M,p)\to(\mathbb{R}^m,0)$ und $\overline{k}:(N,q)\to(\mathbb{R}^n,0)$ ein, so induziert $\overline{f}$ den Keim

$$\overline{g} = \overline{k}\circ\overline{f}\circ\overline{h}^{-1}:(\mathbb{R}^m,0)\to(\mathbb{R}^n,0).$$

Das Differential ist dann eine lineare Abbildung $\mathbb{R}^m\to\mathbb{R}^n$, welche nach (2.4) durch die Jacobimatrix im Ursprung Dg_0 beschrieben wird. Ist diese invertierbar (das Differential isomorph, insbesondere also $m=n$), so ist ein Repräsentant g von $\overline{g}$ in einer Umgebung umkehrbar, das heißt, $\overline{g}$ und damit auch $\overline{f}$ invertierbar (siehe etwa Grauert-Fischer [2], Kapitel IV, § 4, 5). □

In noch allgemeinerer Situation wird ein Keim durch sein Differential beschrieben:

(5.2) Definition. Der *Rang* einer differenzierbaren Abbildung $f:M\to N$ im Punkte $p\in M$ (der Rang des Keims $\overline{f}:(M,p)\to N$), ist die Zahl

$$rg_p f := rg\, T_p f.$$

(5.3) Bemerkung. Der Rang einer Abbildung ist unterhalbstetig: Ist $rg_p f = r$, so gibt es eine Umgebung U von p, so daß $rg_q f \geq r$ für alle $q\in U$.

Beweis. Nach Wahl von Karten hat man zu zeigen, daß der Rang einer Jacobimatrix Df lokal um $p\in V\subset \mathbb{R}^m$ nicht fallen kann. Die Komponenten dieser Matrix beschreiben eine differenzierbare Abbildung

$$Df: V\to \mathbb{R}^{m\cdot n}, \quad q\mapsto \left(\frac{\partial f_i}{\partial x_j}(q)\right).$$

Weil $rg_p f = r$, gibt es eine $(r \times r)$-Untermatrix von Df_p (ohne Beschränkung der Allgemeinheit die der ersten r Zeilen und Spalten), deren Determinante im Punkte p nicht verschwindet, also die Abbildung

$$V \to \mathbb{R}^{m \cdot n} \to \mathbb{R}^{r \cdot r} \longrightarrow \mathbb{R}$$
$$p \mapsto Df_p \mapsto \text{Untermatrix} \mapsto \text{Determinante}$$

verschwindet nicht im Punkte p, also auch nicht in einer Umgebung U von p; dort kann der Rang nicht fallen. □

Natürlich kann der Rang beliebig nahe an p größer sein als $rg_p f$, Beispiel:

$$f: \mathbb{R} \to \mathbb{R}, \quad x \mapsto x^2$$

hat das Differential $Df_x = 2x \neq 0$ für $x \neq 0$.

Wird ein Keim $\bar{f}:(M,p) \to (N,q)$ für geeignete Karten um p und q durch eine lineare Abbildung beschrieben, das heißt, gibt es eine lineare Abbildung $g: \mathbb{R}^m \to \mathbb{R}^n$ und Karten h, k, so daß folgendes Diagramm kommutativ ist:

$$\begin{array}{ccc} (M,p) & \xrightarrow{\bar{f}} & (N,q) \\ {\scriptstyle h} \downarrow & & \downarrow {\scriptstyle k} \\ (\mathbb{R}^m, 0) & \xrightarrow{\bar{g}} & (\mathbb{R}^n, 0), \end{array}$$

so ist das Differential Tg durch die Jacobimatrix gegeben, und die Jacobimatrix Dg der linearen Abbildung $g: x \mapsto y$ mit

$$y_i = \sum_j a_{ij} x_j$$

ist $(\partial y_i / \partial x_j) = (a_{ij})$, also konstant, also ist der Rang eines Repräsentanten f lokal konstant, nämlich gleich dem Rang der Matrix (a_{ij}). Diese Bedingung an den Rang ist aber nicht nur notwendig, sondern – wie wir gleich sehen werden – auch hinreichend dafür, daß der Keim $\bar{f}$ bei Wahl geeigneter Karten durch das Differential $T_p f = g$ beschrieben wird.

Eine lineare Abbildung vom Rang r kann man durch Wahl geeigneter Basen immer auf die Gestalt

$$g: \mathbb{R}^m \longrightarrow \mathbb{R}^n, \quad (x_1, \ldots, x_m) \mapsto (x_1, \ldots, x_r, 0, \ldots, 0)$$

bringen.

Wir wollen sagen, daß ein Keim konstanten Rang habe, wenn er einen Repräsentanten mit konstantem Rang besitzt.

(5.4) Rangsatz. *Ist $\bar{f}:(M,p) \to (N,q)$ ein Keim von konstantem Rang r, so gibt es Karten h um p und k um q, so daß der Keim $\bar{k} \circ \bar{f} \circ \bar{h}^{-1}: (\mathbb{R}^m, 0) \to (\mathbb{R}^n, 0)$ durch die Abbildung*

$$(x_1, \ldots, x_m) \mapsto (x_1, \ldots, x_r, 0, \ldots, 0)$$

repräsentiert ist.

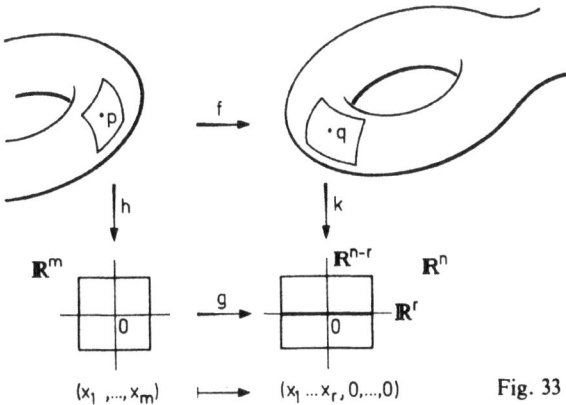

(x$_1$,...,x$_m$) ⟼ (x$_1$...x$_r$,0,...,0) Fig. 33

Beweis. Wir dürfen gleich annehmen $\bar{f}\colon(\mathbb{R}^m,0)\to(\mathbb{R}^n,0)$; wir finden also eine $(r\times r)$-Untermatrix von Df, die im Ursprung regulär ist, und nach Vertauschen der Koordinaten von $\mathbb{R}^m$ und $\mathbb{R}^n$ erreichen wir, daß die Matrix

$$\frac{\partial f_i}{\partial x_j}, \quad 1\le i,j\le r$$

im Ursprung regulär ist.

Sei $\bar{h}\colon(\mathbb{R}^m,0)\to(\mathbb{R}^m,0)$ durch die Abbildung

$$h\colon(x_1,\ldots,x_m)\mapsto(f_1(x),\ldots,f_r(x),x_{r+1},\ldots,x_m)$$

repräsentiert, dann hat die Jacobimatrix von h die Gestalt

$$Dh = \begin{array}{|cc|}\hline \partial f_i/\partial x_j & \\ & 1\ddots0 \\ 0 & 0\ddots1 \\\hline\end{array}\begin{array}{l}\}r\\ \\ \}m-r,\end{array}$$

$$\det(Dh_0)=\det(\partial f_i/\partial x_j(0))_{i,j\le r}\ne 0.$$

Also ist $\bar{h}$ nach dem Satz über die Umkehrfunktion ein invertierbarer Keim und das Diagramm

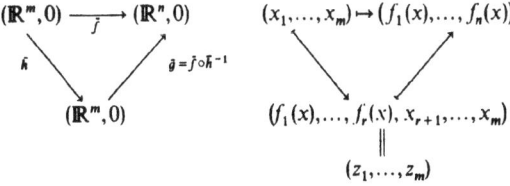

47

zeigt, daß der Keim $\bar{g} := \bar{f} \circ \bar{h}^{-1}$ durch die Abbildung
(5.5) $\qquad (z_1,\ldots,z_m) \mapsto (z_1,\ldots,z_r, g_{r+1}(z),\ldots,g_n(z))$
repräsentiert ist. Die Jacobimatrix von $\bar{g}$ hat daher die Gestalt

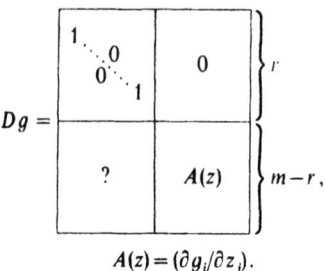

$$A(z) = (\partial g_i / \partial z_j).$$

Soweit führt Transformation im Urbildraum, und wir haben erst benutzt, daß $rg_0 f \geq r$ ist.

Weil nun aber $rg(f) = rg(g) = rg(Dg) = r$ in einer Umgebung des Ursprungs, muß in dieser Umgebung $A(z) = 0$ sein, also

(∗) $\qquad \dfrac{\partial g_i}{\partial z_j} = 0$ für $r+1 \leq i \leq n$, $r+1 \leq j \leq m$.

Sei jetzt im Bildraum der Keim $\bar{k}: (\mathbb{R}^n, 0) \to (\mathbb{R}^n, 0)$ repräsentiert durch die Abbildung

$(y_1,\ldots,y_n) \mapsto (y_1,\ldots,y_r, y_{r+1} - g_{r+1}(y_1,\ldots,y_r,0,\ldots,0),\ldots, y_n - g_n(y_1,\ldots,y_r,0,\ldots,0)).$

Die Jacobimatrix von $\bar{k}$ hat die Gestalt

$$Dk = \begin{pmatrix} \begin{matrix} 1 & & 0 \\ & \ddots & \\ 0 & & 1 \end{matrix} & 0 \\ ? & \begin{matrix} 1 & & 0 \\ & \ddots & \\ 0 & & 1 \end{matrix} \end{pmatrix} \begin{matrix} \Big\} r \\ \\ \Big\} n-r, \end{matrix}$$

also ist $\bar{k}$ invertierbar und $\bar{k} \circ \bar{f} \circ \bar{h}^{-1} = \bar{k} \circ \bar{g}$ ist repräsentiert durch die Zusammensetzung

$(z_1,\ldots,z_m) \xrightarrow{g} (z_1,\ldots,z_r, g_{r+1}(z),\ldots,g_n(z))$
$\qquad \xrightarrow{k} (z_1,\ldots,z_r, g_{r+1}(z) - g_{r+1}(z_1,\ldots,z_r,0,\ldots,0),\ldots, g_n(z) - g_n(z_1,\ldots,z_r,0,\ldots,0)).$

Beschränken wir uns jetzt auf eine Würfelumgebung $|z_j| < \varepsilon$ für genügend kleines ε, so ist
$$g_i(z_1,\ldots,z_n) - g_i(z_1,\ldots,z_r,0,\ldots,0) = 0, \quad r+1 \leq i \leq n$$
wegen (∗), also ist $\bar{k} \circ \bar{g}$ repräsentiert durch
$$(z_1,\ldots,z_m) \mapsto (z_1,\ldots,z_r,0,\ldots,0). \quad \square$$

Der Rangsatz, also der Satz über die Umkehrfunktion, beherrscht die elementare Geometrie differenzierbarer Abbildungen.

Ist $rg_p f$ maximal, also gleich der Dimension von M oder N, so ist der Rang lokal konstant (5.3), und der Rangsatz anwendbar:

(5.6) Definition. Eine differenzierbare Abbildung $f : M \to N$ heißt:

Submersion (submersiv) wenn $\mathrm{rg}_p f = \dim N$,
Immersion (immersiv) wenn $\mathrm{rg}_p f = \dim M$,

für alle $p \in M$.

Ein Punkt $p \in M$ heißt *regulär*, wenn das Differential $T_p f$ surjektiv ist. Ein Punkt $q \in N$ heißt *regulärer Wert* von f, wenn jeder Punkt aus $f^{-1}(q)$ regulär ist. Statt „nicht regulär" sagt man auch *singulär* oder *kritisch*.

Beachte, daß ein Punkt $q \in N$ insbesondere regulärer Wert ist, wenn $f^{-1}(q) = \emptyset$, also wenn er nicht Wert ist. Die Abbildung f ist genau dann submersiv, wenn jeder Punkt $p \in M$ regulär oder jedes $q \in N$ regulärer Wert ist.

Daß f immersiv ist bedeutet, daß das Differential Tf in jedem Punkt $p \in M$ injektiv ist. Nach dem Rangsatz hat f dann lokal in geeigneten Koordinaten die Gestalt
$$(x_1,\ldots,x_m) \mapsto (x_1,\ldots,x_m,0,\ldots,0),$$
insbesondere besitzt jeder Punkt aus M eine Umgebung, die durch f eingebettet wird. Dennoch braucht f nicht injektiv zu sein:

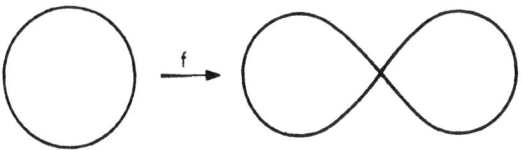

Fig. 34

und auch wenn f injektiv ist braucht f keine Einbettung nach Definition (1.10) zu sein, Gegenbeispiel:

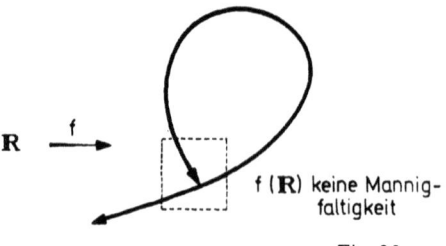

Fig. 35

Ist jedoch M kompakt und $f: M \to N$ immersiv und injektiv, so ist f eine Einbettung, allgemeiner:

(5.7) Satz. *Sei $f: M \to N$ eine injektive Immersion, und $f: M \to f(M)$ homöomorph, wobei $f(M) \subset N$ die Teilraum-Topologie trägt, dann ist f eine Einbettung.*

Beweis. Ist $p \in M$ und $f(p) = q \in N$, so liefert der Rangsatz Karten $h: U \to U' \subset \mathbb{R}^m$ um p und $k: V \to V' \subset \mathbb{R}^m \times \mathbb{R}^s$ um q, so daß f die Abbildung

$$\tilde{f} := k \circ f \circ h^{-1}: x \mapsto (x, 0)$$

induziert. Dabei sei zunächst U so klein gewählt, daß $\tilde{f}$ auf ganz U' definiert ist, und $U' \times B \subset V'$ für eine Umgebung B von 0 in $\mathbb{R}^s$. Dann sei V so verkleinert, daß $U' \times B = V'$.

Weil nun f homöomorph ist, ist $U = f^{-1} W$ für eine offene Umgebung W von q, und für die Karte $k' := k|(V \cap W)$ gilt $k'(f(M) \cap V \cap W) = \mathbb{R}^m \cap k'(V \cap W)$. Daher ist $f(M)$ eine Untermannigfaltigkeit von N und $f: M \to f(M)$ lokal invertierbar, und bijektiv, also diffeomorph. □

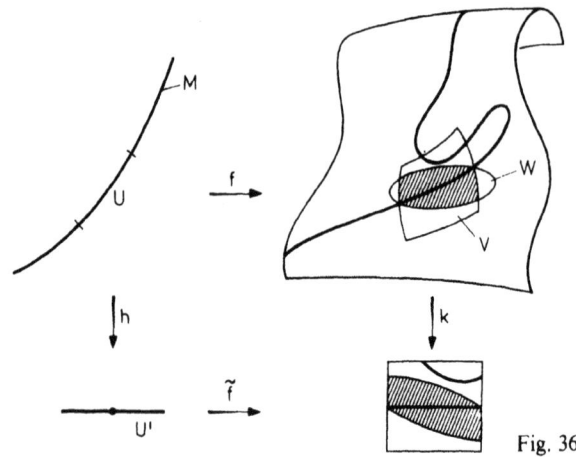

Fig. 36

Für eine Immersion $f: M \to N$ kann man wie für eine Einbettung ein Normalbündel definieren: Weil die Abbildung $Tf: TM \to TN$ nach Definition (5.6) jede Faser injektiv abbildet ist der induzierte Homomorphismus (3.12)

$$h: TM \to f^*TN$$

von Vektorbündeln über M injektiv, und das Quotientenbündel

(5.8) $\qquad\qquad f^*TN/h(TM),$

heißt *Normalbündel* von f.

(5.9) Lemma. *Ist q ein regulärer Wert der differenzierbaren Abbildung $f: M^{n+k} \to N^n$, so ist $f^{-1}(q)$ eine differenzierbare Untermannigfaltigkeit von M mit Kodimension n.*

Beweis. Ist $f(p) = q$, so ist der Rang von f nach (5.3) lokal um p konstant, weil er nicht größer als n werden kann, daher kann man nach dem Rangsatz lokale Koordinatensysteme um p und q so einführen, daß f in diesen Koordinaten in einer Umgebung U von p durch

$$(x_1, \ldots, x_{n+k}) \mapsto (x_1, \ldots, x_n),$$
$$p = (0, \ldots, 0), \quad q = (0, \ldots, 0),$$

gegeben ist. Dann ist $f^{-1}(q) \cap U = \mathbb{R}^k \cap U \subset \mathbb{R}^{n+k} \cap U$; also ist $f^{-1}(q)$ eine Untermannigfaltigkeit der Dimension k. □

Dieses Lemma ist das wichtigste Hilfsmittel um zu zeigen, daß eine Teilmenge einer differenzierbaren Mannigfaltigkeit eine Untermannigfaltigkeit ist, oder um Mannigfaltigkeiten zu konstruieren. Die Höhenlinien einer Landkarte zum Beispiel sind Untermannigfaltigkeiten, sofern die Höhe regulär ist.

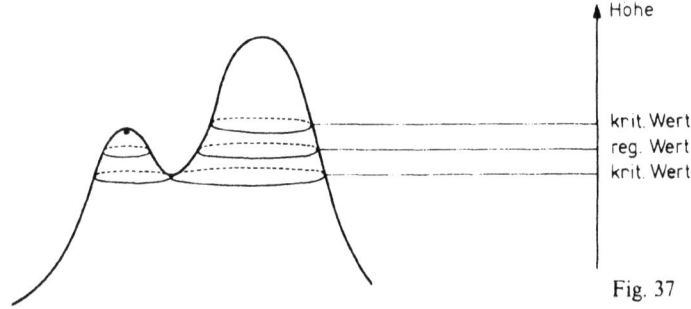

Fig. 37

Zur Illustration geben wir folgende

(5.10) Anwendung. *Die Menge $O(n)$ der reellen orthogonalen $(n \times n)$-Matrizen ist eine Untermannigfaltigkeit von $\mathbb{R}^{n \cdot n}$, der Menge aller Matrizen, von der Dimension $\frac{1}{2} \cdot n \cdot (n-1)$.*

Beweis. Eine Matrix $A \in \mathbb{R}^{n \cdot n}$ ist genau dann orthogonal, wenn $^t\!A A$ die Einheitsmatrix E ist. Jedenfalls ist $^t\!A A$ symmetrisch. Also ist $O(n)$ das Urbild von E bei der Abbildung

$$f: \mathbb{R}^{n \cdot n} \to S, \quad A \mapsto {}^t\!A A$$

in die Menge S der symmetrischen Matrizen ($S = \mathbb{R}^{\frac{1}{2}n(n+1)}$).
Zur Berechnung des Differentials von f betrachten wir die Abbildung der Wege $w(\lambda) = A + \lambda \cdot B$ durch den Punkt A mit $f(A) = E$:

$$f(A + \lambda B) = E + \lambda({}^t\!A B + {}^t\!B A) + \lambda^2 \cdot {}^t\!B B.$$

Demnach besteht $T_A(f)(\mathbb{R}^{n \cdot n})$ aus allen Matrizen $({}^t\!AB + {}^t\!BA)$, wobei $^t\!A A = E$ und $B \in \mathbb{R}^{n \cdot n}$ beliebig ist. Das sind aber genau alle symmetrischen Matrizen, wie man sieht, wenn man für eine symmetrische Matrix C setzt $B = \frac{1}{2} AC$. Also ist E regulärer Punkt von f und $O(n) \subset \mathbb{R}^{n \cdot n}$ ist eine Untermannigfaltigkeit, und ihre Kodimension ist $\dim(S) = \frac{1}{2} n(n+1)$. □

(5.11) Definition. Seien M, N differenzierbare Mannigfaltigkeiten und sei $L \subset N$ eine k-kodimensionale Untermannigfaltigkeit. Eine differenzierbare Abbildung $f: M \to N$ heißt *transversal* zu L, wenn die *Transversalitätsbedingung*:

(Tr$_p$) $\qquad T_p f(T_p M) + T_{f(p)} L = T_{f(p)} N, \quad$ falls $f(p) \in L$,

für alle $p \in M$ erfüllt ist.

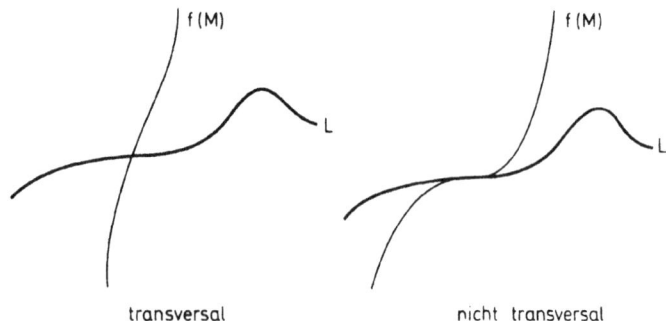

Fig. 38

Solche Bilder sind natürlich mit Vorsicht zu genießen: Das Verhalten der Abbildung kann man nicht allein aus ihrer Bildmenge ablesen.

Die Transversalitätsbedingung stellt nur eine Forderung an die Punkte aus dem Urbild von L. Zum Beispiel ist eine Abbildung, deren Bild die Untermannigfaltigkeit nicht trifft, insbesondere transversal, und wenn $\dim M < \operatorname{kodim} L$ ist, ist f genau dann transversal zu L, wenn $f(M) \cap L = \emptyset$ ist, weil die Bedingung (Tr_p) nicht anders zu erfüllen ist. Die Summe von Vektorräumen in der Transversalitätsbedingung braucht nicht *direkt* zu sein, zum Beispiel ist jede Abbildung transversal zu $L = N$.

Äquivalent kann man übrigens formulieren: $(\mathrm{Tr}_p) \Leftrightarrow$ *Die Zusammensetzung linearer Abbildungen*

$$T_p M \xrightarrow{T_p f} T_q N \xrightarrow{\pi} T_q N / T_q L, \quad \pi = Projektion,$$

ist surjektiv, für $q = f(p) \in L$. Die Bedingung sagt, daß der Tangentialraum von M „so quer wie möglich" zu dem der Untermannigfaltigkeit L abgebildet wird.

Ist L ein Punkt, so ist die Abbildung f genau dann transversal zu L, wenn dieser Punkt regulär ist.

(5.12) Satz. *Ist* $f: M \to N$ *transversal zu der k-kodimensionalen Untermannigfaltigkeit* $L \subset N$ *und* $f^{-1}(L) \neq \emptyset$, *so ist* $f^{-1}(L)$ *eine k-kodimensionale Untermannigfaltigkeit von* M, *und man hat für die Normalbündel einen kanonischen Bündelisomorphismus*

$$\perp (f^{-1} L) \cong f^*(\perp L).$$

Beweis. Sei $f(p) = q \in L$, und sei in einer Umgebung V von q in geeigneten lokalen Koordinaten $V \cong V' \subset \mathbb{R}^n$:

$$L \cap V \cong \mathbb{R}^{n-k} \cap V'$$

wobei $\mathbb{R}^{n-k} \subset \mathbb{R}^n$ durch Verschwinden der letzten k Koordinaten gegeben ist, und sei $\pi: \mathbb{R}^n \to \mathbb{R}^k$ die Projektion auf diese letzten Koordinaten. Dann besagt die Transversalitätsbedingung in einer Umgebung U von p, daß $0 \in \mathbb{R}^k$ ein regulärer Wert der Abbildung

$$U \xrightarrow{f} V \cong V' \xrightarrow{\pi | V'} \mathbb{R}^k$$

ist, also ist das Urbild der Null, nämlich $f^{-1}(L) \cap U$, nach (5.9) eine Untermannigfaltigkeit der Kodimension k von U, also ist $f^{-1}(L) \subset M$ eine k-kodimensionale Untermannigfaltigkeit (dies ist eine lokale Forderung!).

Der Isomorphismus $\perp(f^{-1} L) \to f^*(\perp L)$ ist durch die Tangentialabbildung

$$Tf | f^{-1}(L): TM | f^{-1}(L) \to TN | L$$

induziert: Sie induziert eine in jeder Faser epimorphe lineare Abbildung $TM | f^{-1}(L) \to TN | L / TL$ (Transversalitätsbedingung), und weil $T(f^{-1} L)$ offenbar im Kern liegt, ist die Abbildung

$$\frac{TM | f^{-1}(L)}{T(f^{-1} L)} \to \frac{TN | L}{TL}$$

isomorph in jeder Faser, und induziert den gesuchten Isomorphismus nach (3.12). ☐

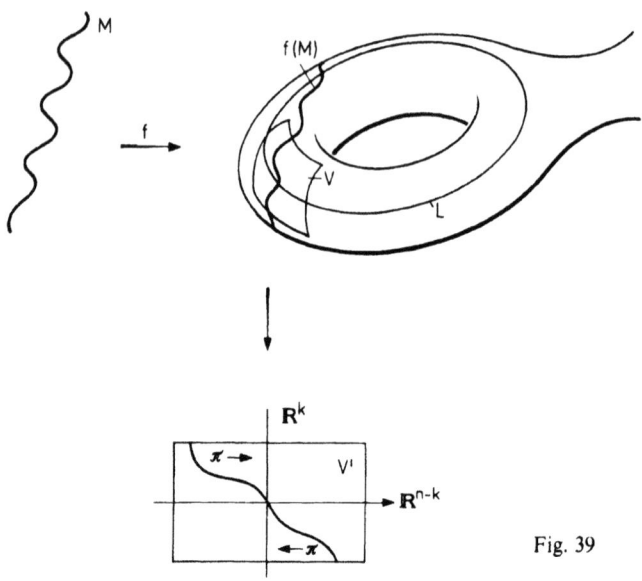

Fig. 39

Das Urbild eines regulären Punktes $q \in N$ hat also ein triviales Normalbündel, denn es ist von dem trivialen Bündel $T_q(N) \to \{q\}$ induziert.

Ein beliebiger Punkt braucht natürlich nicht regulärer Wert, eine beliebige Abbildung nicht transversal zu sein; als Urbild eines Punktes $q \in N$ bei einer differenzierbaren Abbildung $M \to N$ kann eine abgeschlossene Menge $A \subset M$ auftreten, die man beliebig vorschreiben kann (14.1). Jedoch werden wir in den nächsten Abschnitten sehen, daß so pathologische Abbildungen „unwahrscheinlich" sind, daß Transversalität der Normalfall ist. Der Begriff der Transversalität spielt daher in der Differentialtopologie eine entscheidende Rolle.

Wir beschließen diesen Paragraphen mit einer weiteren Anwendung des Rangsatzes:

(5.13) Satz. *Sei $f: M \to M$ eine differenzierbare Abbildung einer differenzierbaren zusammenhängenden Mannigfaltigkeit in sich, so daß $f \circ f = f$ ist, dann ist $f(M)$ eine abgeschlossene differenzierbare Untermannigfaltigkeit von M.*

Beweis. Es ist $f(M) = \{x \in M \mid f(x) = x\}$ = Fixpunktmenge von f, und diese ist abgeschlossen.

Es genügt, die Abbildung f in einer Umgebung eines Punktes aus $f(M)$ zu betrachten. Nach dem Rangsatz genügt es dann zu zeigen, daß der Rang von f in einer Umgebung jedes Punktes von $f(M)$ konstant ist. Zunächst zeigen wir: $rg_p f$ ist konstant auf $f(M)$.

Ist $p \in f(M)$, so erfüllt das Differential von f in p die Gleichung $T_p f \circ T_p f = T_p f$; also wie oben ist

$$\text{Bild}(T_p f) = \{v \in T_p M \mid T_p f(v) = v\} = \text{Kern}(\text{Id} - T_p f),$$

und daher insbesondere

$$rg_p f + rg(\text{Id} - T_p f) = \dim M$$

für alle $p \in f(M)$, und weil beide Ränge auf der linken Seite in einer Umgebung eines Punktes nur wachsen können, ist $rg_p f$ auf $f(M)$ lokal konstant, also konstant weil $f(M)$ zusammenhängt.

Sei nun $rg_p f = r$ für $p \in f(M)$, dann gibt es eine offene Umgebung U von $f(M)$, so daß $rg_q f \geq r$ für alle $q \in U$.
Aber $rg_q f = rg_q(f \circ f) = rg(T_{f(q)} f \circ T_q f) \leq rg_{f(q)} f = r$, daher ist $rg_q f$ auf U konstant. □

Ist allgemein $A \subset X$ und $f: X \to A$ eine Abbildung, so daß $f|A = \text{Id}_A$, eine Abbildung also, die X auf A zusammenwirft, so nennt man f eine *Retraktion*. Wir haben also gezeigt: Das Bild einer differenzierbaren Retraktion ist eine differenzierbare Untermannigfaltigkeit. Eine stetige (nicht differenzierbare) Retraktion kann dagegen sehr wilde Bildmengen haben.

(5.14) Aufgaben

1. Sei $\mathbb{R} + \mathbb{R}$ die differenzierbare Summe der Mannigfaltigkeit $\mathbb{R}$ mit sich (1.8), und sei $f: \mathbb{R} + \mathbb{R} \to \mathbb{R}^2$ die Abbildung mit den Komponenten $f_1(x) = (x, 0)$ und $f_2(y) = (0, \exp(y))$. Man zeige, daß f eine injektive Immersion aber keine Einbettung ist, und zeichne eine Skizze des Bildes.

2. Die Abbildung $f: \mathbb{R} + S^1 \to \mathbb{C}$ habe die Komponenten

$$f_1(t) = (1 + \exp(t)) \cdot \exp(it),$$
$$f_2(\exp(it)) = \exp(it), \quad \text{mit } S^1 = \{z \in \mathbb{C} \mid |z| = 1\}.$$

Man zeige, daß f eine injektive Immersion aber keine Einbettung ist, und zeichne eine Skizze.

3. (a) Ist $c \in \mathbb{R}$ irrational, so ist die von $\exp(2\pi i c)$ erzeugte Untergruppe dicht in $S^1 = \{z \in \mathbb{C} \mid |z| = 1\}$.
   (b) Die Abbildung $\mathbb{R} \to \mathbb{C} \times \mathbb{C}$,

$$t \mapsto (\exp(ait), \exp(bit))$$

ist immersiv, wenn $b \neq 0$; ist a/b irrational, so ist sie injektiv, und das Bild ist dicht in $S^1 \times S^1 \subset \mathbb{C}^2$.

4. Sei A eine symmetrische reelle $(n \times n)$-Matrix, und $0 \neq b \in \mathbb{R}$, dann ist die *Fläche zweiter Ordnung*
$$M = \{x \in \mathbb{R}^n \mid {}^t x A x = b\}$$
eine $(n-1)$-dimensionale Untermannigfaltigkeit von $\mathbb{R}^n$.

5. Für eine ganze Zahl $d \geq 0$ sei die *Brieskorn-Mannigfaltigkeit* $W^{2n-1}(d)$ definiert als Menge der Punkte $(z_0, \ldots, z_n) \in \mathbb{C}^{n+1}$, die den Gleichungen
$$z_0^d + z_1^2 + \cdots + z_n^2 = 0$$
$$z_0 \bar{z}_0 + z_1 \bar{z}_1 + \cdots + z_n \bar{z}_n = 2$$
genügen. Man zeige, daß $W^{2n-1}(d)$ eine $(2n-1)$-dimensionale Mannigfaltigkeit ist.

6. Sei $\mathbb{C}P^n$ der komplexe projektive Raum, und
$$H(m,n) = \left\{ (z,w) \in \mathbb{C}P^m \times \mathbb{C}P^n \;\Big|\; \sum_{i=0}^{m} z_i w_i = 0 \right\}$$
für $m \leq n$, wobei $z = [z_0, \ldots, z_m]$ und $w = [w_0, \ldots, w_n]$ homogene Koordinaten sind. Man zeige, daß $H(m,n)$ eine $2(m+n-1)$-dimensionale Mannigfaltigkeit ist. Entsprechende Mannigfaltigkeiten erhält man auch aus den reellen projektiven Räumen. Sie heißen *Milnor-Mannigfaltigkeiten*.

7. Man zeige, daß die Mannigfaltigkeit der orthogonalen Matrizen $O(n)$ kompakt ist, die Gruppenoperationen
$$O(n) \times O(n) \to O(n) \quad \text{(Multiplikation)},$$
$$O(n) \to O(n), \quad A \mapsto A^{-1},$$
differenzierbar, und daß $O(n)$ zwei Zusammenhangskomponenten hat.

8. Ein *k-Bein* im $\mathbb{R}^n$ ist ein orthonormales k-tupel $(v_1, \ldots, v_k)$ von Vektoren im $\mathbb{R}^n$. Die Menge $V_n^k \subset \mathbb{R}^n \times \cdots \times \mathbb{R}^n$ (k Faktoren), der k-Beine im $\mathbb{R}^n$ heißt *Stiefel-Mannigfaltigkeit*. Man zeige, daß V_n^k eine kompakte differenzierbare Mannigfaltigkeit der Dimension $n \cdot k - \frac{1}{2} k \cdot (k+1)$ ist.

9. Man zeige:
Die Menge $U(n)$ der unitären Matrizen, aufgefaßt als Teilmenge von $O(2n)$, ist eine Untermannigfaltigkeit von $O(2n)$ der Dimension n^2.

10. Sei $f: M \to M$ eine differenzierbare Retraktion und $p \in f(M)$.
Man zeige, daß es ein lokales Koordinatensystem um p gibt, in dem f durch
$$(x_1, \ldots, x_r, \ldots, x_n) \mapsto (x_1, \ldots, x_r, 0 \ldots 0)$$
gegeben ist. Beachte, daß man hier nicht wie im Rangsatz Karten in Bild- und Urbildmannigfaltigkeit unabhängig wählen kann!

11. Seien M, N, L differenzierbare Mannigfaltigkeiten, und
$$M \xrightarrow{f} N \xleftarrow{g} L$$

differenzierbare Abbildungen, so daß für jeden Punkt $p \in M$ und $q \in L$ mit $f(p) = g(q) = r \in N$ gilt

$$T_p f(T_p M) + T_q g(T_q L) = T_r(N).$$

Man zeige, daß das Faserprodukt von f und g:

$$\{(p,q) \in M \times L \mid f(p) = g(q)\}$$

eine differenzierbare Untermannigfaltigkeit ist.

§ 6. Der Satz von Sard

Das Ziel dieses Abschnitts ist der Beweis des folgenden Satzes:

(6.1) Satz von Sard. *Die Menge der kritischen Werte einer differenzierbaren Abbildung von Mannigfaltigkeiten hat das Lebesgue-Maß Null.*

Ist insbesondere $f: M \to \mathbb{R}^n$ differenzierbar, so ist die Menge $f^{-1}(b) \subset M$ für fast jedes $b \in \mathbb{R}^n$ eine n-kodimensionale Untermannigfaltigkeit; oder anders gesagt: Das differenzierbare Gleichungssystem auf M

$$f_1(x) = b_1$$
$$\vdots \quad \vdots$$
$$f_n(x) = b_n$$

hat (bei gegebenem f) für fast jede Wahl der b_i eine n-kodimensionale Untermannigfaltigkeit von M als Lösungsmenge (5.9).

Wir kommen zu genaueren Erklärungen:

(6.1) Definition. Eine Teilmenge $C \subset \mathbb{R}^n$ hat das *Maß Null* (ist *dünn*, *fast jeder* Punkt ist nicht in C), wenn es zu jedem $\varepsilon > 0$ eine Folge von Würfeln $W_i \subset \mathbb{R}^n$ gibt, mit $C \subset \bigcup_{i=1}^{\infty} W_i$ und $\sum_{i=1}^{\infty} |W_i| < \varepsilon$. Dabei ist $|W|$ der Inhalt des Würfels W, also $|W| = (2a)^n$, wenn $W = \{x \mid |x_i - x_i^0| \leq a\}$.

Eine abzählbare Vereinigung dünner Mengen ist wieder dünn, denn ist $C = \bigcup_{v=1}^{\infty} C_v$ und $C_v \subset \bigcup_{i=1}^{\infty} W_i^v$ mit $\sum_{i=1}^{\infty} |W_i^v| < \frac{\varepsilon}{2^v}$ so ist $C \subset \bigcup_{i,v} W_i^v$ und $\sum_{i,v} |W_i^v| < \varepsilon$. Aus ähnlichem Argument ist es gleichgültig, ob man offene oder abgeschlossene Würfel, Quader oder Kugeln nimmt.

(6.2) Lemma. *Sei $U \subset \mathbb{R}^m$ offen, $C \subset U$ eine Menge vom Maß Null, und $f: U \to \mathbb{R}^m$ sei differenzierbar, dann hat auch $f(C)$ das Maß Null.*

Beweis. Weil U Vereinigung einer Folge kompakter Kugeln ist, darf man annehmen, daß C in einer kompakten Kugel enthalten ist, und daß auch die Würfel

einer Überdeckung von C nach (6.1) in einer etwas größeren Kugel $K \subset U$ enthalten sind. Der Mittelwertsatz der Differentialrechnung liefert eine Abschätzung
$$f(x+h) = f(x) + R(x,h)$$
$$|R(x,h)| \le c|h|$$
für $x, x+h \in K$, mit einer Konstanten c. Hat also ein Würfel $W \subset K$ die Kantenlänge a, also $|x-x^0| \le \sqrt{m} \cdot a$ für $x \in W$, so ist $|f(x)-f(x^0)| \le c \cdot \sqrt{m} \cdot a$, also liegt $f(W)$ in einem Würfel des Inhalts $(2 \cdot \sqrt{m} \cdot c)^m \cdot |W|$. Weil die Konstante $(2 \cdot \sqrt{m} \cdot c)^m$ unabhängig vom Würfel ist, folgt die Behauptung. □

Dieses Lemma macht es sinnvoll, auch von Nullmengen in einer differenzierbaren Mannigfaltigkeit zu reden.

(6.3) Definition. Eine Teilmenge C einer differenzierbaren Mannigfaltigkeit M hat das *Maß Null*, wenn für jede Karte $h: U \to U' \subset \mathbb{R}^m$ die Menge $h(C \cap U) \subset \mathbb{R}^m$ das Maß Null hat.

Weil eine Mannigfaltigkeit eine abzählbare Basis der Topologie hat, kann man aus jedem Atlas einen Atlas mit abzählbar vielen Karten auswählen (Schubert, [8], I.7.4, Satz 2); wendet man das Lemma (6.2) auf die Kartenwechsel mit einem solchen Atlas an, so ergibt sich, daß C dünn ist, wenn für alle Karten h_α eines fest gewählten Atlanten $h_\alpha(C \cap U_\alpha)$ dünn in $\mathbb{R}^m$ ist.

Für eine topologische Mannigfaltigkeit ist eine entsprechende Definition nicht sinnvoll, weil nicht differenzierbare Homöomorphismen eine Nullmenge auf eine Menge von positivem Maß abbilden können (Beispiele hierfür sind nicht einfach anzugeben).
Der Nachweis, daß eine Menge das Maß Null hat, ist nach Einführen von Karten nur noch für Teilmengen des $\mathbb{R}^n$ zu führen. Hier liefert der folgende Spezialfall des Satzes von Fubini einen Induktionsansatz:

(6.4) Satz (Fubini). *Sei* $\mathbb{R}_t^{n-1} := \{x \in \mathbb{R}^n \mid x_n = t\} \subset \mathbb{R}^n$; *sei* $C \subset \mathbb{R}^n$ *kompakt und* $C_t := C \cap \mathbb{R}_t^{n-1}$ *dünn in* $\mathbb{R}_t^{n-1} \cong \mathbb{R}^{n-1}$ *für alle* $t \in \mathbb{R}$, *dann ist* C *dünn in* $\mathbb{R}^n$.

Beweis (nach Sternberg [9]). Wir benutzen folgenden elementaren

Hilfssatz. *Eine offene Überdeckung des Intervalles* $[0,1]$ *durch Teilintervalle enthält eine endliche Überdeckung* $[0,1] = \bigcup_{j=1}^{k} I_j$, *mit* $\sum_{j=1}^{k} |I_j| \le 2$.

Beweis davon. Man wähle eine endliche Überdeckung, aus der man kein Intervall mehr weglassen kann. Dann liegt jeder Punkt von $[0,1]$ nur in höchstens zwei Intervallen dieser Überdeckung: Läge er nämlich in dreien, so hätte eines davon den kleinsten Anfangspunkt und eines den größten Endpunkt; ein weiteres wäre überflüssig. □

Jetzt zum Satz von Fubini. Sei ohne Beschränkung der Allgemeinheit $C \subset \mathbb{R}^{n-1} \times [0,1]$, und C_t sei dünn in $\mathbb{R}^{n-1} \times t$ für alle $t \in [0,1]$. Für jedes $\varepsilon > 0$ finden wir eine Überdeckung von C_t durch offene Würfel W_t^i in $\mathbb{R}_t^{n-1}$ mit

Volumensumme $<\varepsilon$. Sei W_t die Projektion von $\bigcup_i W_t^i \subset \mathbb{R}_t^{n-1}$ auf den ersten Faktor $\mathbb{R}^{n-1}$ von $\mathbb{R}^{n-1} \times [0,1]$.

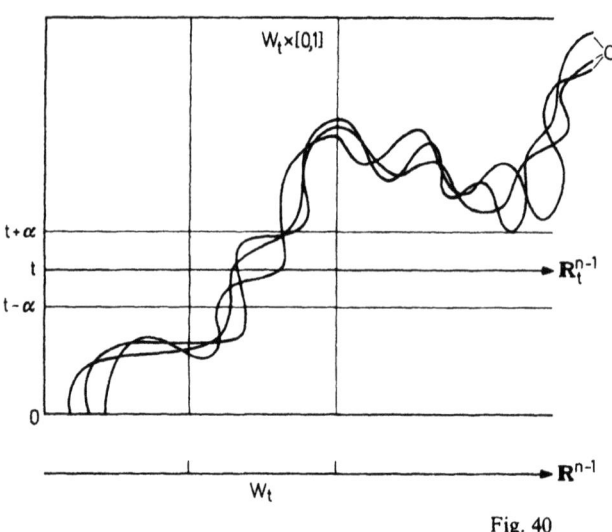

Fig. 40

Ist x_n die letzte Koordinate, so ist bei festem t die Funktion $|x_n - t|$ stetig auf C, sie verschwindet genau auf C_t und nimmt außerhalb $W_t \times [0,1]$ ein Minimum α an, weil C kompakt ist. Daher gilt

$$\{x \in C \mid |x_n - t| < \alpha\} \subset W_t \times I_t \quad \text{mit } I_t = (t-\alpha, t+\alpha).$$

Die sämtlichen so konstruierten Intervalle I_t überdecken $[0,1]$, und wir wählen hieraus nach dem Hilfssatz eine endliche Überdeckung $\{I_j | j = 1, \ldots, k\}$ der Volumensumme ≤ 2. Dabei ist $I_j = I_{t_j}$ für ein $t_j \in [0,1]$. Die Quader

$$\{W_{t_j}^i \times I_j | j = 1, \ldots, k; i \in \mathbb{N}\}$$

überdecken C und haben eine Volumensumme $<2\varepsilon$. □

(6.5) Bemerkung. Die Voraussetzung, daß C kompakt sei, läßt sich leicht abschwächen, es genügt offenbar, daß C abzählbare Vereinigung kompakter Mengen ist. Das ist insbesondere erfüllt für abgeschlossene Mengen, offene Mengen, Bilder von Mengen dieser Klasse bei stetigen Abbildungen, abzählbare Vereinigungen und endliche Durchschnitte solcher Mengen. Diese Klasse wird uns genügen.

Damit kommen wir zum Beweis des Satzes von Sard (siehe Milnor [6]). Nach Einführen von Karten hat man nach Definition (6.3) folgendes zu zeigen:

Sei $U \subset \mathbb{R}^n$ offen, $f : U \to \mathbb{R}^p$ differenzierbar und sei $D \subset U$ die Menge der kritischen Punkte von f, dann hat $f(D) \subset \mathbb{R}^p$ das Maß Null.

Beweis. Induktion nach n; für $n=0$ ist $\mathbb{R}^n$ ein Punkt, $f(U)$ höchstens ein Punkt, der Satz also richtig.

Für den Induktionsschritt sei $D_i \subset U$ die Menge der Punkte $x \in U$, wo alle partiellen Ableitungen von f der Ordnung $\leq i$ verschwinden. Die D_i bilden offenbar eine absteigende Folge abgeschlossener Mengen

$$D \supset D_1 \supset D_2 \supset \cdots$$

und wir zeigen

(a) $f(D - D_1)$ ist dünn,
(b) $f(D_i - D_{i+1})$ ist dünn,
(c) $f(D_k)$ ist dünn für genügend große k.

Bemerke, daß alle hier auftretenden Mengen in die Klasse fallen, auf die wir nach (6.5) den Satz von Fubini anwenden können; auch genügt es in jedem Fall zu zeigen, daß jeder Punkt $x \in D - D_1$ (beziehungsweise ...) eine Umgebung V besitzt, so daß $f(V \cap (D - D_1))$ dünn ist, denn $D - D_1$ (beziehungsweise ...) wird von abzählbar vielen solchen Umgebungen überdeckt.

Beweis (a). Man kann $p \geq 2$ annehmen, denn für $p=1$ ist $D = D_1$. Sei $x \in D - D_1$; weil $x \notin D_1$, verschwindet eine partielle Ableitung von f nicht im Punkte x, wir dürfen also annehmen $\partial f/\partial x_1(x) \neq 0$; dann ist die Abbildung

$$h: U \to \mathbb{R}^n, \quad (x_1, \ldots, x_n) \mapsto (f_1(x), x_2, \ldots, x_n),$$

nach (5.5) im Punkte x nicht singulär, also ist ihre Einschränkung auf eine Umgebung V von x eine Karte $h: V \to V'$, und die transformierte Abbildung $g := f \circ h^{-1}$ hat lokal um $h(x)$ die Gestalt

$$g: (z_1, \ldots, z_n) \mapsto (z_1, g_2(z), \ldots, g_p(z)).$$

Die Abbildung überführt die Hyperebene $\{z \mid z_1 = t\}$ in die Hyperebene $\{y \mid y_1 = t\}$; sei

$$g^t: (t \times \mathbb{R}^{n-1}) \cap V' \to t \times \mathbb{R}^{p-1}$$

die Einschränkung von g; dann ist ein Punkt aus $(t \times \mathbb{R}^{n-1}) \cap V'$ genau dann kritisch für g, wenn er kritisch für g^t ist, weil g die Jacobimatrix

$$Dg = \begin{array}{|c|c|} \hline 1 & 0 \\ \hline ? & Dg^t \\ \hline \end{array}$$

hat. Nun hat aber nach Induktionsvoraussetzung die Menge der kritischen Werte von g^t das Maß Null in $t \times \mathbb{R}^{n-1}$, also hat die Menge der kritischen Werte von g dünnen Durchschnitt mit jeder Hyperebene $\{y \mid y_1 = t\}$, hat also nach dem Satz von Fubini selbst das Maß Null. Damit ist (a) bewiesen.

Beweis (b). Hier verfahren wir ähnlich wie im Beweis von (a). Für jeden Punkt $x \in D_k - D_{k+1}$ gibt es eine $(k+1)$-te Ableitung, die im Punkte x nicht verschwindet, wir dürfen annehmen
$$\partial^{k+1} f_1 / \partial x_1 \partial x_{v_1} \cdots \partial x_{v_k}(x) \neq 0.$$
Sei $w: U \to \mathbb{R}$ die Funktion
$$w = \partial^k f_1 / \partial x_{v_1} \cdots \partial x_{v_k},$$
dann ist also $w(x) = 0$, $\partial w / \partial x_1(x) \neq 0$, und wie eben definiert die Abbildung
$$h: x \mapsto (w(x), x_2, \ldots, x_n)$$
eine Karte $h: V \to V'$ um x, und
$$h(D_k \cap V) \subset 0 \times \mathbb{R}^{n-1} \subset \mathbb{R}^n.$$
Betrachten wir also wieder die transformierte Abbildung $g := f \circ h^{-1} : V' \to \mathbb{R}^p$, und ihre Einschränkung $g^0 : (0 \times \mathbb{R}^{n-1}) \cap V' \to \mathbb{R}^p$, so hat die Menge der kritischen Werte von g^0 nach Induktionsvoraussetzung das Maß Null. Aber jeder Punkt aus $h(D_k \cap V)$ ist kritisch für g^0, weil alle partiellen Ableitungen von g, also auch von g^0, der Ordnung $\leq k$, insbesondere erster Ordnung, verschwinden. Also ist $f(D_k \cap V) = g \circ h(D_k \cap V)$ dünn.

Beweis (c). Sei $W \subset U$ ein Würfel der Kantenlänge a, und sei $k > \dfrac{n}{p} - 1$, dann zeigen wir, daß $f(W \cap D_k)$ dünn ist. Weil U abzählbare Vereinigung von Würfeln ist, genügt das. Die Taylorformel liefert eine Abschätzung
$$f(x+h) = f(x) + R(x,h), \quad |R(x,h)| \leq c \cdot |h|^{k+1},$$
für $x \in D_k \cap W$ und $x + h \in W$, wobei die Konstante c bei gegebenem f und W jetzt fest gewählt sei.

Nun zerlege man W in r^n Würfel der Kantenlänge a/r. Ist W_1 ein Würfel der Zerlegung, der einen Punkt $x \in D_k$ enthält, so schreibt sich jeder Punkt aus W_1 als $x + h$ mit
$$|h| \leq \frac{\sqrt{n} \cdot a}{r},$$
und nach der obigen Restglied-Abschätzung liegt $f(W_1)$ in einem Würfel der Kantenlänge
$$2 \cdot c \cdot \frac{(\sqrt{n} \cdot a)^{k+1}}{r^{k+1}} = \frac{b}{r^{k+1}},$$
mit einer Konstante b, die nur von W und f, nicht von der Zerlegung abhängt. Alle diese Würfel zusammen haben eine Volumensumme $s \leq r^n \cdot b^p / r^{p(k+1)}$, und für $p(k+1) > n$ konvergiert dieser Ausdruck mit wachsendem r gegen Null, die Volumensumme kann durch Wahl einer genügend feinen Zerlegung beliebig klein gemacht werden. □

Die wichtigste Folgerung aus dem Satz von Sard ist das ältere Ergebnis von Brown, das wir extra festhalten wollen:

(6.6) Folgerung. *Die regulären Werte einer differenzierbaren Abbildung $f: M \to N$ liegen dicht in N.* □

(6.7) Aufgaben

1. Sei $f: M \to N \times \mathbb{R}^n$ eine differenzierbare Abbildung; man zeige, daß es zu jedem $\varepsilon > 0$ einen Vektor $v \in \mathbb{R}^n$ mit $|v| < \varepsilon$ gibt, so daß die Abbildung
$$g: M \to N \times \mathbb{R}^n, \quad x \mapsto f(x) + v$$
transversal zu der Untermannigfaltigkeit $N \times 0 \subset N \times \mathbb{R}^n$ ist.

2. Man zeige: Ist $M^n \subset \mathbb{R}^p$ eine differenzierbare Untermannigfaltigkeit, dann gibt es eine Hyperebene in $\mathbb{R}^p$, die M^n transversal schneidet.

3. Man zeige, daß es keine surjektive differenzierbare Abbildung $\mathbb{R}^n \to \mathbb{R}^{n+1}$ gibt.

4. Sei M^n eine kompakte Mannigfaltigkeit, $f: M^n \to \mathbb{R}^{n+1}$ differenzierbar und $0 \notin f(M)$. Man zeige, daß es eine Gerade durch den Ursprung von $\mathbb{R}^{n+1}$ gibt, die nur endlich viele Punkte von $f(M^n)$ trifft.

5. Sei $f: M \to \mathbb{R}^p$ eine differenzierbare Abbildung und $N \subset \mathbb{R}^p$ eine differenzierbare Untermannigfaltigkeit. Man zeige, daß es zu jedem $\varepsilon > 0$ ein $v \in \mathbb{R}^p$, $|v| < \varepsilon$ gibt, so daß die Abbildung $M \to \mathbb{R}^p$, $x \mapsto f(x) + v$ transversal zu N ist.
Hinweis. Betrachte die Abbildung $M \times N \to \mathbb{R}^p$, $(x, y) \mapsto y - f(x)$.

6. Für eine differenzierbare Abbildung $f: M \to N$ sei
$$\sum^i(f) := \{p \in M \mid r g_p f = i\}.$$
Sei $f: \mathbb{R}^m \to \mathbb{R}^n$ differenzierbar und $\varepsilon > 0$. Man zeige, daß es eine lineare Abbildung $\alpha: \mathbb{R}^m \to \mathbb{R}^n$ mit Norm $< \varepsilon$ gibt, so daß $\sum^i(f + \alpha)$ eine differenzierbare Untermannigfaltigkeit von $\mathbb{R}^m$ ist.
Hinweis. Wende Aufgabe 5 auf Df an und benutze (1.11, 16).

7. Sei $f: \mathbb{R}^m \to \mathbb{R}^n$ differenzierbar und $m \leq 2n$. Man zeige, daß es zu jedem $\varepsilon > 0$ eine lineare Abbildung $\alpha: \mathbb{R}^m \to \mathbb{R}^n$ der Norm $< \varepsilon$ gibt, so daß die Abbildung $f + \alpha: \mathbb{R}^m \to \mathbb{R}^n$ immersiv ist.
Hinweis. Dies ist ein Nebenresultat der Lösung von Aufgabe 6.

8. Sei $M^k \subset \mathbb{R}^{n+1}$ eine kompakte Untermannigfaltigkeit und $n \geq 2k$. Man zeige, daß für die Projektion $\pi: \mathbb{R}^{n+1} \to H^n$ auf eine geeignete Hyperebene H des $\mathbb{R}^{n+1}$ die Einschränkung $\pi|M: M \to H$ eine Immersion ist.
Hinweis. Man betrachte die $(2k-1)$-dimensionale Mannigfaltigkeit PTM, deren Elemente die 1-dimensionalen Unterräume der Tangentialräume von M sind und studiere die kanonische Abbildung $PTM \to \mathbb{R}P^n$.

9. Sei $M^k \subset \mathbb{R}^{n+1}$ eine kompakte Untermannigfaltigkeit und $n \geq 2k+1$. Man zeige, daß für die Projektion $\pi: \mathbb{R}^{n+1} \to H^n$ auf eine geeignete Hyperebene H des $\mathbb{R}^{n+1}$ die Einschränkung $\pi|M: M \to H$ eine Einbettung ist.

§ 7. Einbettung

Was wir bisher studiert haben – bis auf das Tangentialbündel – ist im Wesentlichen die lokale Struktur differenzierbarer Mannigfaltigkeiten, und es scheint zunächst nicht klar, daß es zwischen zwei Mannigfaltigkeiten überhaupt immer nicht triviale Abbildungen gibt, und daß sich alles, was man zur Veranschaulichung irgendwie „glatt" hinmalt, auch durch differenzierbare Abbildungen realisieren läßt. Das wesentliche technische Hilfsmittel des Übergangs vom Lokalen zum Globalen sind Partitionen der Eins, die wir uns jetzt verschaffen.

(7.1) Lemma. *Sei M eine differenzierbare Mannigfaltigkeit und $\mathfrak{U} = \{U_\lambda \mid \lambda \in \Lambda\}$ eine offene Überdeckung von M; dann gibt es einen Atlas $\mathfrak{A} = \{h_\nu: V_\nu \to V'_\nu \mid \nu \in \mathbb{N}\}$ von M mit folgenden Eigenschaften:*

(a) $\{V_\nu \mid \nu \in \mathbb{N}\}$ *ist eine lokal endliche Verfeinerung von* $\{U_\lambda \mid \lambda \in \Lambda\}$,
(b) $V'_\nu = \{x \in \mathbb{R}^m \mid |x| < 3\} =: K(3)$,
(c) *Die Mengen* $W_\nu := h_\nu^{-1}\{x \in \mathbb{R}^m \mid |x| < 1\} = h_\nu^{-1} K(1)$ *überdecken* M.

Ein solcher Atlas heißt der Überdeckung $\mathfrak{U}$ untergeordneter guter Atlas.

Beweis. Weil M lokal kompakt mit abzählbarer Basis ist, finden wir leicht eine Folge kompakter Teilmengen A_i, so daß $A_i \subset \mathring{A}_{i+1}$ und $\bigcup_{i=1}^{\infty} A_i = M$ ist (Schubert

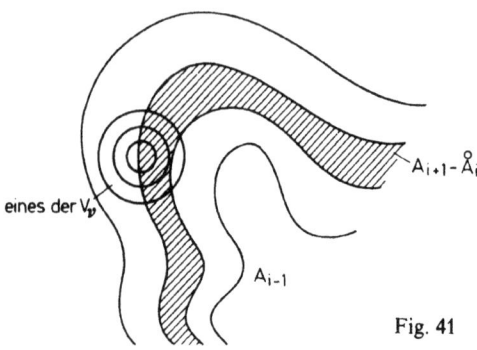

Fig. 41

[8], I.7.7, Seite 71). Für jedes i wählen wir endlich viele Karten $h_\nu: V_\nu \to K(3)$, so daß $V_\nu \subset \mathring{A}_{i+2} - A_{i-1}$ und $V_\nu \subset U_\lambda$ für ein λ, und so daß die Mengen $W_\nu = h_\nu^{-1}(K(1))$ noch eine Überdeckung von $A_{i+1} - \mathring{A}_i$ bilden; weil diese Menge kompakt, und $\mathring{A}_{i+2} - A_{i-1}$ eine offene Umgebung ist, ist das leicht möglich. All diese Karten für alle $i \in \mathbb{N}$ zusammen bilden den gesuchten Atlas. □

Jetzt erinnern wir daran, daß die Funktion

$$\lambda: \mathbb{R} \to \mathbb{R}, t \mapsto \begin{cases} 0 & \text{für } t \leq 0 \\ \exp(-t^{-2}) & \text{für } t > 0 \end{cases}$$

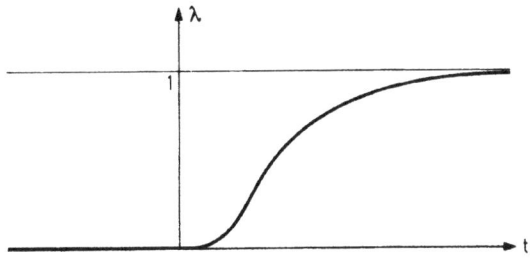

Fig. 42

beliebig oft differenzierbar ist, und es ist $0 \leq \lambda \leq 1$, $\lambda(t) = 0 \Leftrightarrow t \leq 0$. Die Ableitungen von λ für $t > 0$ haben nämlich die Form $q(t) \cdot \exp(-t^{-2})$ mit einer rationalen Funktion q, und sie konvergieren daher gegen Null, wenn t gegen Null geht. Sei jetzt $\varepsilon > 0$ und $\varphi_\varepsilon(t) = \lambda(t) \cdot (\lambda(t) + \lambda(\varepsilon - t))^{-1}$,

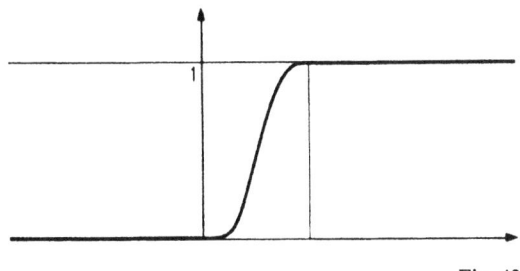

Fig. 43

dann ist φ_ε differenzierbar, $0 \leq \varphi_\varepsilon \leq 1$, und $\varphi_\varepsilon(t) = 0 \Leftrightarrow t \leq 0$, $\varphi_\varepsilon(t) = 1 \Leftrightarrow t \geq \varepsilon$. Für die Kugel

$$K(r) = \{x \in \mathbb{R}^n \mid |x| < r\}, \quad r > 0,$$

finden wir daher die differenzierbare *Glockenfunktion*

(7.2) $\quad\quad\quad\quad \psi: \mathbb{R}^n \to \mathbb{R}$

$\quad\quad\quad\quad\quad \psi(x) = 1 - \varphi_\varepsilon(|x| - r).$

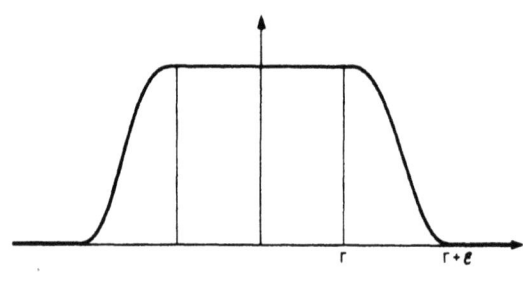

Fig. 44

Mit den Eigenschaften:

$\quad\quad\quad\quad 0 \leq \psi(x) \leq 1 \quad \text{für alle } x \in \mathbb{R}^n$

$\quad\quad\quad\quad \psi(x) = 1 \Leftrightarrow x \in \overline{K(r)}$

$\quad\quad\quad\quad \psi(x) = 0 \Leftrightarrow |x| \geq r + \varepsilon.$

Um $x=0$, wo $|x|$ nicht differenzierbar ist, ist ψ lokal konstant, daher differenzierbar.

Setzt man solche Glockenfunktion mit einer geeigneten Karte zusammen, so erhält man eine Funktion $\psi \circ h: U \to \mathbb{R}$ auf einem Kartengebiet einer Mannigfaltigkeit, und weil diese Funktion außerhalb von $h^{-1}K(r+\varepsilon) \subset U$ verschwindet, kann man sie als differenzierbare Funktion auf die ganze Mannigfaltigkeit M (durch 0 auf $M-U$) fortsetzen.

(7.3) Satz. *Zu jeder offenen Überdeckung einer differenzierbaren Mannigfaltigkeit gibt es eine untergeordnete differenzierbare Partition der Eins.*

Beweis. Wir wählen einen der Überdeckung $\mathfrak{U}$ von M untergeordneten guten Atlas $\mathfrak{A}$ nach (7.1), sowie zur Kugel $K(1)$ eine Glockenfunktion ψ, so daß $\psi|K(1)=1$, $\psi(x)=0$ für $|x|\geq 2$. Sei dann auf M die Funktion ψ_ν durch

$$\psi_\nu = \begin{cases} \psi \circ h_\nu & \text{auf } V_\nu = h_\nu^{-1} K(3) \\ 0 & \text{sonst} \end{cases}$$

definiert. Dann ist ψ_ν differenzierbar, und $s = \sum_{\nu=1}^{\infty} \psi_\nu$ wohldefiniert und differenzierbar, weil die Familie der Träger $\{\mathrm{Tr}(\psi_\nu)\}$ lokal endlich (und Differenzierbarkeit eine lokale Eigenschaft) ist. Außerdem ist $s(p) \neq 0$ für alle $p \in M$, also bilden die Funktionen

$$\varphi_\nu := (1/s)\psi_\nu$$

die gesuchte Partition der Eins. □

Eine leichte Folgerung:

(7.4) Bemerkung. Sind A_0, A_1 fremde abgeschlossene Teilmengen der differenzierbaren Mannigfaltigkeit M, so gibt es eine differenzierbare Funktion *(trennende Funktion)* $\varphi: M \to \mathbb{R}$, $0 \leq \varphi \leq 1$, so daß $\varphi|A_0 = 0$, $\varphi|A_1 = 1$.

Beweis. Zu der Überdeckung mit den Mengen $U_i = M - A_i$ sei $\{\varphi_\nu | \nu \in \mathbb{N}\}$ eine untergeordnete Partition der Eins, und man setze

$$\varphi = \sum_{\nu \in K} \varphi_\nu$$

mit $\nu \in K$ genau wenn $\mathrm{Tr}(\varphi_\nu) \subset U_1$. □

Wir werden uns im folgenden mit Approximationen gegebener Abbildungen durch Abbildungen mit „schönen" Eigenschaften befassen (Einbettungen, transversale Abbildungen...). Dabei muß man gelegentlich benutzen, daß sich bei der Approximation nicht nur die Funktionswerte, sondern auch die Werte der Ableitungen wenig ändern. Jedoch wollen wir uns mit den entsprechenden Topologien auf der Menge differenzierbarer Abbildungen $C^\infty(M, N)$ nicht unnötig einlassen, und beschränken uns auf das nötige Minimum.

(7.5) Definition. Sei $U \subset \mathbb{R}^m$ offen und $K \subset U$ kompakt; sei $f \in C^\infty(U)$, dann ist

$$|f|_K := \max\{|f(x)| \,\big|\, x \in K\} + \sum_{\nu=1}^{m} \max\{|\partial f/\partial x_\nu(x)| \,\big|\, x \in K\}.$$

Ist $f = (f_1, \ldots, f_n): U \to \mathbb{R}^n$, so ist $|f|_K := \max\{|f_\nu|_K\}$.

Man rechnet unmittelbar nach, daß $|f|_K$ eine Pseudonorm auf $C^\infty(U)$ definiert, das heißt

$$|f + g|_K \leq |f|_K + |g|_K,$$
$$|\lambda f|_K = \lambda |f|_K \quad \text{für } \lambda > 0,$$
$$|f \cdot g|_K \leq |f|_K \cdot |g|_K.$$

Außerdem ist $|f|_K \leq |f|_L$ für $K \subset L$, aber natürlich kann $|f|_K = 0$ und $f \neq 0$ (aber $f|K = 0$) sein.

Insbesondere macht diese Norm aus $C^\infty(U, \mathbb{R}^n)$ einen *topologischen Raum* $C^\infty(U, \mathbb{R}^n)_K$; Umgebungsbasen bilden die ε-Umgebungen bezüglich der Norm $|f|_K$.

(7.6) Lemma. *Sei $U \subset \mathbb{R}^m$ offen und $K \subset U$ kompakt; die Menge der differenzierbaren Abbildungen $f: U \to \mathbb{R}^n$, die in allen Punkten von K den Rang m haben, ist offen in $C^\infty(U, \mathbb{R}^n)_K$, und sie ist dicht, falls $2m \leq n$ ist.*

Beweis. Daß $rg_x f = m$ ist bedeutet, daß die Jacobimatrix Df_x den Rang m hat, oder daß die Abbildung $K \to \mathbb{R}^{m \cdot n}$, $x \mapsto Df_x$ in die offene Menge der Matrizen vom Rang $\geq m$ führt. Ist nun $|f-g|_K$ genügend klein, so ist insbesondere $|Df_x - Dg_x|$ auf K so klein, daß auch $Dg_x | K$ in diese offene Menge führt (siehe (7.5)).

Sei jetzt $2m \leq n$, $\varepsilon > 0$, und seien Vektoren $\partial f/\partial x_i$ für $i = 1, \ldots, s < m$ schon in jedem Punkt aus U linear unabhängig, dann finden wir eine Abbildung g mit $|f-g|_K < \varepsilon$, so daß die Vektoren $\partial g/\partial x_i$, $i = 1, \ldots, s+1$ in jedem Punkt linear unabhängig sind, und haben damit den Satz durch Induktion gezeigt. Hierzu betrachten wir die Abbildung

$$\varphi: \mathbb{R}^s \times U \to \mathbb{R}^n, \quad (\lambda_1, \ldots, \lambda_s, x) \mapsto \sum_{j=1}^{s} \lambda_j \frac{\partial f}{\partial x_j}(x) - \frac{\partial f}{\partial x_{s+1}}(x).$$

Für $s < m$ ist nun $\dim(\mathbb{R}^s \times U) = s + m < 2m \leq n$, also finden wir einen Punkt $a = (a_1, \ldots, a_n) \in \mathbb{R}^n$ von beliebig kleiner Norm, so daß $a \notin \varphi(\mathbb{R}^s \times U)$, nach dem Satz von Sard. Jetzt setze

$$g(x) := f(x) + x_{s+1} \cdot a,$$

dann ist $\partial g/\partial x_i = \partial f/\partial x_i$ für $i \leq s$, und $\partial g/\partial x_{s+1} = \partial f/\partial x_{s+1} + a$, und eine lineare Relation

$$\sum_{j=1}^{s} \lambda_j \frac{\partial g}{\partial x_j} = \frac{\partial g}{\partial x_{s+1}}$$

ist nirgends auf U erfüllt, denn das hieße ja

$$\sum_{j=1}^{s} \lambda_j \frac{\partial f}{\partial x_j} - \frac{\partial f}{\partial x_{s+1}} = a. \quad \square$$

In diesem Beweis wird nur der triviale Fall (6.2) des Satzes von Sard benutzt. Einen andern Beweis liefert (6.7, 7). Aus diesem lokalen Ergebnis flicken wir mit einem guten Atlas das entsprechende globale Ergebnis zusammen.

(7.7) Immersionssatz (H. Whitney). *Sei M^m eine differenzierbare Mannigfaltigkeit, $\delta: M \to \mathbb{R}$ eine überall echt positive stetige Funktion und $f: M \to \mathbb{R}^n$ eine differenzierbare Abbildung, wobei $2m \leq n$ sei. Sei $A \subset M$ abgeschlossen und $rg_p f = m$ für alle $p \in A$. Dann gibt es eine Immersion $g: M \to \mathbb{R}^n$, mit $g|A = f|A$ und $|g(p) - f(p)| < \delta(p)$ für alle $p \in M$.*

Mit andern Worten: Man findet nicht nur immer eine Immersion $M \to \mathbb{R}^n$, sondern man kann auch eine gegebene Abbildung immer durch eine Immersion approximieren; die *Güte* δ der Approximation kann man als stetige Funktion vorschreiben.

Eleganter kann man solche Approximationsaussagen durch eine Topologie auf $C^\infty(M,N)$ beschreiben.

(7.8) Definition. Für die C^0-*Topologie* (die wir in diesem Buch allein betrachten) auf $C^\infty(M,N)$ bilden die Mengen V_U eine Basis der offenen Mengen, wo U offen in $M \times N$ ist, und V_U die Menge der $g \in C^\infty(M,N)$, deren Graph $\{(p,g(p)) | p \in M\}$ ganz in U verläuft.

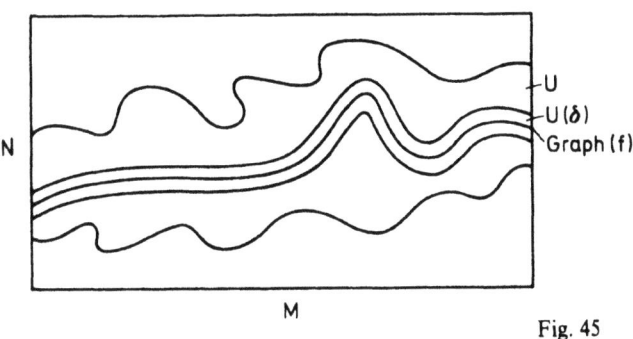

Fig. 45

Wählt man eine Metrik d auf N, und eine differenzierbare Mannigfaltigkeit läßt sich stets metrisieren (7.12), so konstruiert man zu einer Umgebung V_U von $f \in C^\infty(M,N)$ leicht eine stetige Funktion $\delta: M \to \mathbb{R}, \delta > 0$, so daß

$$U(\delta) := \{(p,q) | d(f(p),q) < \delta(p)\} \subset U$$

(Sei $\{\varphi_n | n \in \mathbb{N}\}$ eine Partition der Eins mit kompakten Trägern auf M, und $\delta_n > 0$ so, daß $(p,q) \in U$ für $p \in \text{Tr}(\varphi_n)$, $d(f(p),q) < \delta_n$; dann setze $\delta = \sum_{n=1}^\infty \delta_n \varphi_n$). Man kann also stets wie im Satz sich darauf beschränken, die speziellen Umgebungen $V_\delta := V_{U(\delta)}$ einer Abbildung f zu betrachten, jedoch hängt die C^0-Topologie von der Wahl der Metrik nicht ab; ist M kompakt, so kann man natürlich δ konstant wählen (Topologie der gleichmäßigen Konvergenz). Man kann mit Hilfe lokal endlicher Atlanten auf M und N auch Topologien auf $C^\infty(M,N)$ einführen, die Konvergenz der höheren Ableitungen beschreiben, so wie die C^0-Topologie Konvergenz der Funktionswerte beschreibt, jedoch wollen wir darauf nicht eingehen (siehe Narasimhan [7]).

Der Immersionssatz also sagt, daß die Immersionen dicht in $C^\infty(M,\mathbb{R}^n)$ liegen, wenn $2 \cdot m \leq n$ ist; auch braucht man die Abbildung f auf einer abgeschlossenen Menge A, wo sie schon vollen Rang hat, nicht zu stören.

Beweis des Immersionssatzes. Weil der Rang von f lokal nicht fallen kann (5.3), gibt es eine offene Umgebung U von A, so daß $rg_p(f) = m$ für alle $p \in U$. Zu der Überdeckung $\{M - A, U\}$ von M wählen wir nach (7.1) einen untergeordneten guten Atlas $\{h_v: V_v \to K(3) | v \in \mathbb{Z}\}$; die Mengen $W_v = h_v^{-1} K(1)$ überdecken noch M, und wir setzen $U_v = h_v^{-1} K(2)$ und richten die Numerierung so ein, daß $V_v \subset U$ ist, genau wenn $v < 1$. Nur in Kartengebieten V_v mit positivem Index werden sich f und g unterscheiden. Wir konstruieren induktiv Abbildungen $g_v: M \to \mathbb{R}^n$, $v \geq 0$, mit folgenden Eigenschaften:

(a) $g_0 = f$;
(b) $g_v(x) = g_{v-1}(x)$ für $x \notin U_v$;
(c) Ist $d = \min\{\delta(x) | x \in \bar{U}_v\}$, so ist $|g_v(x) - g_{v-1}(x)| < \varepsilon_v := d/2^v$ für alle $x \in M$;
(d) g_v hat den Rang m auf $\bigcup_{i \leq v} \bar{W}_i$.

Haben wir dies geleistet, so setzen wir $g = \lim_{v \to \infty} g_v$. Weil die Überdeckung $\{U_v\}$ lokal endlich ist, ist wegen (b) lokal $g_{v+1}(x) = g_v(x)$ für fast alle v, also konvergiert die Folge g_v gegen eine differenzierbare Abbildung g, die nach (a) und der Einrichtung unseres Atlanten auf A mit f übereinstimmt.

Lokal stimmt g für großes v mit g_v überein, und hat daher nach (d) den vollen Rang m; schließlich ist
$$|g - f| = |g - g_0| \leq \delta \sum_v 2^{-v} = \delta$$
nach (c).

Kommen wir also zur Konstruktion der Folge g_v:

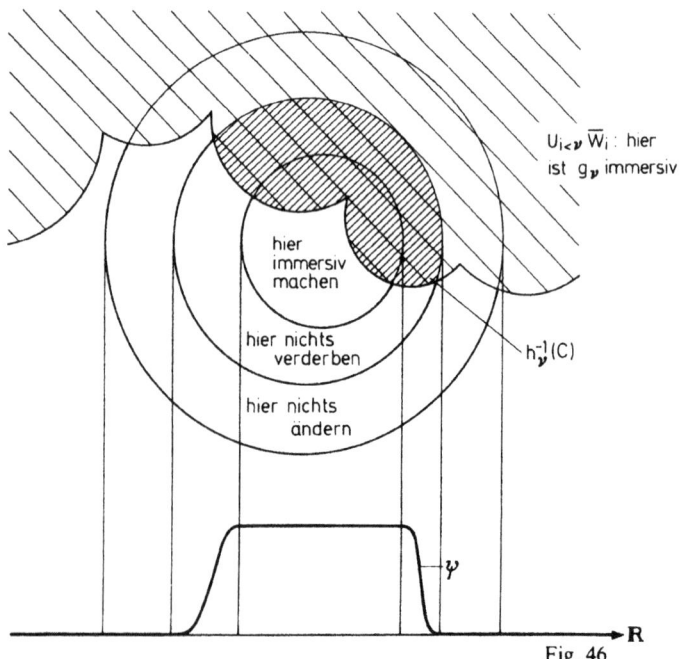

Fig. 46

Dazu wählen wir eine Glockenfunktion $\psi: \mathbb{R}^m \to \mathbb{R}$ für $K(1)$ mit Träger in $K(2)$ nach (7.2), und eine Schranke s, so daß $|\psi|_K \le s$ ist für $K = \overline{K(2)}$, also für alle K. Jetzt betrachte die Abbildung

$$g_{\nu-1} \circ h_\nu^{-1} : K(3) \to \mathbb{R}^n.$$

Sie hat den Rang m auf der kompakten Menge $C := h_\nu\left(\overline{U}_\nu \cap \bigcup_{i<\nu} \overline{W}_i\right) \subset \overline{K(2)}$, und nach dem lokalen Ergebnis (7.6) gilt dasselbe für jede Abbildung $q: K(3) \to \mathbb{R}^n$ mit $|g_{\nu-1} \circ h_\nu^{-1} - q|_C < \eta$ für geeignetes $\eta > 0$, und wir finden nach (7.6) auch eine solche Abbildung q, die auf $\overline{K(2)}$ den Rang m hat, so daß $|g_{\nu-1} \circ h_\nu^{-1} - q|_K < \zeta$ mit $\zeta < \min\{\eta \cdot s^{-1}, \varepsilon_\nu\}$.

Wir setzen

$$g_\nu(x) = \begin{cases} g_{\nu-1}(x) + \psi \circ h_\nu(x) \cdot (q \circ h_\nu(x) - g_{\nu-1}(x)) & \text{für } x \in V_\nu \\ g_{\nu-1}(x) & x \notin \overline{U}_\nu. \end{cases}$$

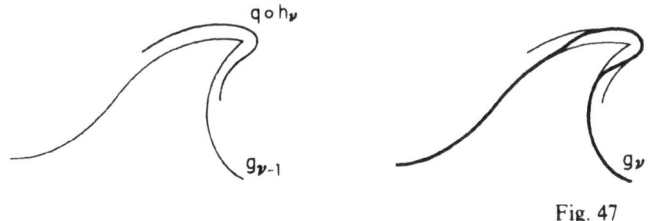

Fig. 47

Auf dem offenen Durchschnitt der Definitionsgebiete stimmen die Definitionen überein, weil dort $\psi \circ h_\nu = 0$ ist. Außerdem ist

$$|g_\nu h_\nu^{-1} - g_{\nu-1} h_\nu^{-1}|_C \le s \cdot \zeta < \eta.$$

Daher hat $g_\nu \circ h_\nu^{-1}$ Rang m auf C. Also hat g_ν Rang m auf $\bigcup_{i<\nu} \overline{W}_i \cap \overline{U}_\nu$. Auf $\overline{W}_\nu$ ist $\psi \cdot h_\nu = 1$, und daher hat dort $g_\nu = q \circ h_\nu$ ebenfalls den Rang m, und schließlich ist

$$|g_\nu - g_{\nu-1}| \le |q \circ h_\nu - g_{\nu-1}| < \zeta < \varepsilon_\nu$$

auf $\overline{U}_\nu$, also überall. Damit ist der Satz vollständig bewiesen. □

Dem Beweis liegt ein allgemeines Verfahren zugrunde, nach dem man von lokalen Aussagen – in diesem Falle (7.6) – zu globalen Aussagen übergeht.

Für eine injektive Immersion braucht man noch mehr Platz, wie die Abbildung $S^1 \to \mathbb{R}^2$

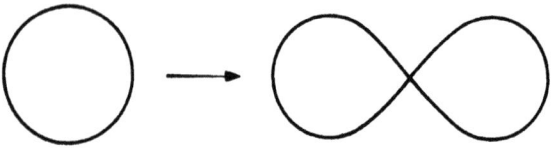

Fig. 48

zeigt.

(7.9) Satz. *Sei $f: M^m \to \mathbb{R}^n$ eine differenzierbare Abbildung, und $2m < n$. Sei $A \subset M$ abgeschlossen und die Einschränkung von f auf eine Umgebung U von A sei eine injektive Immersion, dann gilt: Beliebig nahe an f gibt es eine injektive Immersion $g: M \to \mathbb{R}^n$, so daß $g|A = f|A$.*

Beweis. Wie im vorigen Satz beschreiben wir die „Nähe" durch eine überall positive Funktion $\delta: M \to \mathbb{R}$. Wir dürfen auch nach dem vorigen Satz annehmen, daß f schon immersiv ist. Dann ist f nach dem Rangsatz (5.4) lokal eine Einbettung, wir wählen eine Überdeckung $\{U_\alpha\}$ von M, so daß $f|U_\alpha$ für alle α eine Einbettung ist, und so daß $U_\alpha \subset U$ oder $U_\alpha \subset M - A$; dann wählen wir wieder nach (7.1) einen guten Atlas $\{h_\nu: V_\nu \to K(3) | \nu \in \mathbb{Z}\}$, der dieser Überdeckung untergeordnet und so numeriert ist, daß $V_\nu \subset U$ genau wenn $\nu \leq 0$. Schließlich wählen wir eine Glockenfunktion ψ für $K(1)$ mit Träger in $K(2)$, und setzen

$$\psi_\nu := \psi \circ h_\nu : M \to \mathbb{R}.$$

Wir konstruieren induktiv eine Folge von Immersionen $g_\nu: M \to \mathbb{R}^n$ durch

$$g_0 = f,$$
$$g_\nu = g_{\nu-1} + \psi_\nu \cdot b_\nu, \quad b_\nu \in \mathbb{R}^n;$$

der Punkt b_ν soll noch geeignet gewählt werden.

Zunächst folgt aus (7.6) daß g_ν auf $h_\nu^{-1} K(2)$, also überall den Rang m hat, wenn man b_ν genügend klein wählt. So klein also sei b_ν, und auch so klein, daß für alle x gilt $|g_\nu(x) - g_{\nu-1}(x)| < 2^{-\nu} \cdot \delta(x)$. Dann bleiben also alle g_ν, also auch $g := \lim_{\nu \to \infty} g_\nu$ immersiv, sie liegen in der vorgegebenen Umgebung von f und stimmen auf A mit f überein. Zur Wahl von b_ν sei

$$N^{2m} \subset M \times M$$

die offene Teilmenge der Punkte (p,q) mit $\psi_\nu(p) \neq \psi_\nu(q)$.

Betrachte die Abbildung

$$N^{2m} \to \mathbb{R}^n, \quad (p,q) \mapsto -(g_{v-1}(p) - g_{v-1}(q)) \cdot (\psi_v(p) - \psi_v(q))^{-1}.$$

Weil $2m < n$ ist, hat nach dem Satz von Sard das Bild dieser Abbildung das Maß Null, und wir wählen b_v nicht in diesem Bild. Dann ist

$$g_v(p) = g_v(q) \quad \text{genau wenn} \quad g_{v-1}(p) - g_{v-1}(q) = -(\psi_v(p) - \psi_v(q)) \cdot b_v,$$

also nach Wahl von b_v genau wenn

$$\psi_v(p) = \psi_v(q) \quad \text{und daher} \quad g_{v-1}(p) = g_{v-1}(q).$$

Weil der Grenzwert g für große v mit g_v lokal übereinstimmt, ergibt sich: Ist $p \neq q$ und $g(p) = g(q)$, so ist $g_v(p) = g_v(q)$ für genügend große v, also durch absteigende Induktion

$$\psi_v(p) = \psi_v(q) \quad \text{und} \quad g_v(p) = g_v(q) \quad \text{für alle } v \geq 0.$$

Wegen der zweiten Bedingung ist insbesondere $f(p) = f(q)$, und daher können p und q nicht im gleichen Kartengebiet V_v liegen:
Ist aber $p \in W_v \subset V_v$ und $v > 0$, so ist $\psi_v(p) = 1 = \psi_v(q)$, also auch $q \in V_v$. Also bleibt nur, daß p und entsprechend q in einem Kartengebiet W_v mit $v \leq 0$ liegen. Dann ist aber $p, q \in U$, und $f|U = g|U$ ist injektiv. □

Eine injektive Immersion ist wie wir wissen im allgemeinen noch keine Einbettung, und man kann auch eine gegebene Abbildung im allgemeinen nicht durch eine Einbettung approximieren (Beispiel in den Aufgaben). Jedoch induziert eine injektive Abbildung lokal kompakter Räume $f: X \to Y$ offenbar einen Homöomorphismus $f: X \to f(X)$, wenn sie *eigentlich* ist, das heißt, wenn sie sich stetig zu einer Abbildung der Kompaktifizierungen durch einen Punkt $f^\circ: X^\circ \to Y^\circ$ fortsetzt, oder mit anderen Worten, wenn $f^{-1}(K)$ für jede kompakte Teilmenge $K \subset Y$ kompakt ist. In diesem Fall ist $f(X) \subset Y$ abgeschlossen, denn $f(X)^\circ \subset Y^\circ$ ist kompakt.

(7.10) Einbettungssatz. *Eine m-dimensionale differenzierbare Mannigfaltigkeit läßt sich abgeschlossen in den euklidischen Raum $\mathbb{R}^n$ einbetten, wenn $2m < n$ ist.*

Dazu:

(7.11) Lemma. *Ist M eine differenzierbare Mannigfaltigkeit und $n > 0$, so gibt es eine eigentliche differenzierbare Abbildung $M \to \mathbb{R}^n$.*

Beweis (7.11). Man wählt eine abzählbare Partition der Eins $\{\varphi_v | v \in \mathbb{N}\}$ mit kompakten Trägern $\mathrm{Tr}(\varphi_v)$ und setzt

$$f = \sum_{v=1}^\infty v \cdot \varphi_v : M \to \mathbb{R}.$$

Ist dann $K\subset\mathbb{R}$ kompakt, also $K\subset[-n,n]$ für ein $n\in\mathbb{N}$, und $f(x)\in K$, so ist $x\in \bigcup_{\nu=1}^{n} \mathrm{Tr}(\varphi_\nu)$ und diese Menge ist kompakt, also ist f eigentlich. Daraus erhält man eine eigentliche Abbildung $M\to\mathbb{R}^n$, indem man f als erste Komponente wählt. □

Beweis (7.10). Man wählt eine eigentliche Abbildung $f: M\to\mathbb{R}^n$ nach (7.11) und approximiert diese nach (7.9) durch eine injektive Immersion $g: M\to\mathbb{R}^n$, so daß $|g-f|\leq 1$ und $A=\emptyset$. Ist dann $K\subset\mathbb{R}^n$ kompakt, so ist $K\subset K(r)$ für einen Radius r, also $g^{-1}(K)$ abgeschlossen in der kompakten Menge $f^{-1}\overline{K(r+1)}$ also kompakt. Daher ist g eigentlich, also eine Einbettung. □

Die hier gebrachten Ergebnisse kann man in vieler Hinsicht verbessern; wie schon gesagt, kann man in die Approximationen auch die höheren Ableitungen einbeziehen, und nach tieferen Sätzen von Whitney und Hirsch gilt der Einbettungssatz (7.10) auch noch für $n=2m$. Es gibt eine ausgedehnte Literatur über Einbettungs- und Nichteinbettungssätze; insbesondere für Nichteinbettungssätze fehlen uns hier alle Hilfsmittel, sie beruhen grundlegend auf Methoden der algebraischen Topologie. Zum Beispiel ist es sehr plausibel, daß es keine Einbettung $\mathbb{R}P^2\to\mathbb{R}^3$ der projektiven Ebene in den Raum der Anschauung gibt, aber es ist ein wenig vergnügliches Unterfangen, dies direkt beweisen zu wollen.

(7.12) Bemerkung. Aus dem Einbettungssatz folgt, daß eine differenzierbare Mannigfaltigkeit homöomorph zu einer abgeschlossenen Teilmenge des euklidischen Raumes ist; daher erbt sie vom euklidischen Raum eine *komplette Metrik, welche die auf der Mannigfaltigkeit gegebene Topologie induziert.* Das kann Argumente der allgemeinen Topologie gelegentlich vereinfachen.

(7.13) Aufgaben

1. Sei M eine differenzierbare Mannigfaltigkeit und $p\in M$. Man zeige, daß die Abbildung
$$C^\infty(M)\to\mathscr{E}(p), \quad f\mapsto \overline{f}$$
surjektiv ist.

2. Sei $A\subset M$ abgeschlossen, U eine offene Umgebung von A, und $f: U\to\mathbb{R}^n$ differenzierbar. Man zeige, daß es eine differenzierbare Abbildung $g: M\to\mathbb{R}^n$ gibt, so daß $g|A=f$.

3. Man konstruiere eine injektive differenzierbare Abbildung $f: S^1\to\mathbb{R}^2$, so daß das Bild aus den Punkten $\{x\in\mathbb{R}^2 | \max\{|x_1|,|x_2|\}=1\}$ besteht.

4. Sei $f: M\to N$ eine stetige Abbildung. Man zeige, daß f genau dann differenzierbar ist, wenn für jedes $g\in C^\infty(N)$ gilt $g\circ f\in C^\infty(M)$.

5. Man zeige, daß der Ring $\mathscr{E}_n$ Nullteiler besitzt.

6. Man gebe eine Immersion $\mathbb{R}\to\mathbb{R}^2$ an (und nicht nur ein Bild!), die sich nicht mit der Güte 1 durch eine Einbettung approximieren läßt.

7. Man zeige, daß es für jedes n eine differenzierbare Abbildung $f: \mathbb{R} \to \mathbb{R}^n$ gibt, so daß
$$f\{t \in \mathbb{R} | t \geq k\}$$
für jedes $k \in \mathbb{N}$ alle Punkte enthält, deren sämtliche Koordinaten rational sind.

8. Man finde eine Funktion $\delta: \mathbb{R} \to \mathbb{R}$, $\delta > 0$, und für jedes $n \in \mathbb{N}$ eine differenzierbare Abbildung $f: \mathbb{R} \to \mathbb{R}^n$, so daß für keine Einbettung $g: \mathbb{R} \to \mathbb{R}^n$ gilt: $|g - f| < \delta$.
Hinweis: Benutze Aufgabe 7.

9. Für eine kompakte Mannigfaltigkeit M^m ist ein Einbettungssatz ohne Rücksicht auf die Dimension leicht zu zeigen: Man wähle einen endlichen guten Atlas $\{h_\nu | \nu = 1, \ldots, r\}$, eine Glockenfunktion ψ für $K(1)$ mit Träger in $K(2)$ und setze $\psi_\nu := \psi \circ h_\nu : M \to \mathbb{R}$, und $k_\nu := \psi_\nu \cdot h_\nu : M \to \mathbb{R}^m$ (beide Abbildungen gleich 0 außerhalb V_ν).
Man zeige, daß die Abbildung
$$M \to \prod_{\nu=1}^r \mathbb{R}^m \times \prod_{\nu=1}^r \mathbb{R}$$
$$p \mapsto (k_1(p), \ldots, k_r(p), \psi_1(p), \ldots, \psi_r(p)),$$
eine Einbettung ist, ohne Weiteres aus diesem Kapitel zu benutzen.

10. Sei M^m eine zusammenhängende nicht kompakte differenzierbare Mannigfaltigkeit. Man zeige, daß es eine Folge von offenen Teilmengen $V_\nu \subset M$ gibt, so daß $V_\nu \cong K(1) \subset \mathbb{R}^m$, $V_\nu \cap V_{\nu+1} \neq \emptyset$, $V_\nu \cap V_\lambda = \emptyset$, wenn $\lambda \notin \{\nu-1, \nu, \nu+1\}$, und $\{V_\nu | \nu \in \mathbb{N}\}$ lokal endlich:

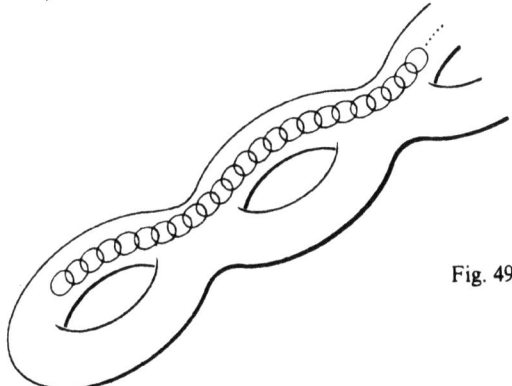

Fig. 49

11. Man zeige, daß sich die reelle Gerade in jede zusammenhängende nicht kompakte differenzierbare Mannigfaltigkeit abgeschlossen einbetten läßt.
Hinweis: Benutze Aufgabe 10.

§ 8. Dynamische Systeme

In einer differentialtopologischen Darstellung „verschiebt" man manchmal eine Untermannigfaltigkeit etwas, man „beult" sie irgendwo aus, „verbiegt" sie, „deformiert" sie, und die suggestiven Handbewegungen, die solche Erklärungen begleiten, untergraben erst recht das Vertrauen des Außenstehenden: Er glaubt, die Behauptungen seien nur plausibel gemacht, nicht aber bewiesen.

Indessen wird solches Verbiegen durch Isotopien von Einbettungen präzise beschrieben, und um Isotopien konstruieren zu können, braucht man dynamische Systeme auf Mannigfaltigkeiten. Diesem auch aus andern Gründen und für sich selbst wichtigen Gegenstand wenden wir uns zunächst zu.

(8.1) Definition. Sei M eine differenzierbare Mannigfaltigkeit. Eine differenzierbare Abbildung

$$\Phi: \mathbb{R} \times M \to M$$

heißt *dynamisches System* oder ein *Fluß* auf M, wenn für alle $x \in M$ und $t, s \in \mathbb{R}$ gilt:

(i) $\quad\quad\quad\quad\quad\quad \Phi(0, x) = x,$
(ii) $\quad\quad\quad\quad\quad\quad \Phi(t, \Phi(s, x)) = \Phi(t + s, x).$

*

Was diese beiden Bedingungen eigentlich bedeuten wird klar, wenn man sich Φ als eine durch $\mathbb{R}$ parametrisierte Familie von Abbildungen $M \to M$ vorstellt:

Schreibweise: $\quad\quad\quad\quad \Phi_t : M \to M,$
$\quad\quad\quad\quad\quad\quad\quad\quad x \mapsto \Phi(t, x).$

Dann schreiben sich (i) (ii) als

$$\Phi_0 = \mathrm{Id}_M,$$
$$\Phi_t \circ \Phi_s = \Phi_{t+s},$$

woraus auch

$$\Phi_{-t} = \Phi_t^{-1}$$

folgt und man erkennt:

(8.2) Notiz. Eine differenzierbare Abbildung $\Phi: \mathbb{R} \times M \to M$ ist genau dann ein dynamisches System auf M, wenn durch

$$t \mapsto \Phi_t$$

ein Gruppenhomomorphismus der abelschen Gruppe $(\mathbb{R}, +)$ in die Gruppe Diff(M) der Diffeomorphismen von M auf sich gegeben ist. Man sagt auch: Die Gruppe $(\mathbb{R}, +)$ *operiert* auf M.

Einen geometrisch ganz anderen Standpunkt nimmt man ein, wenn man den Fluß $\Phi: \mathbb{R} \times M \to M$ als eine durch M parametrisierte Familie von Kurven $\mathbb{R} \to M$ betrachtet:

(8.3) Definition. Ist $\Phi: \mathbb{R} \times M \to M$ ein Fluß und $x \in M$, dann heißt die Kurve

$$\alpha_x: \mathbb{R} \to M$$
$$t \mapsto \Phi_t(x)$$

die *Flußlinie* oder *Integralkurve* von x. Das Bild $\alpha_x(\mathbb{R})$ der Flußlinie heißt die *Bahn* oder der *Orbit* von x:

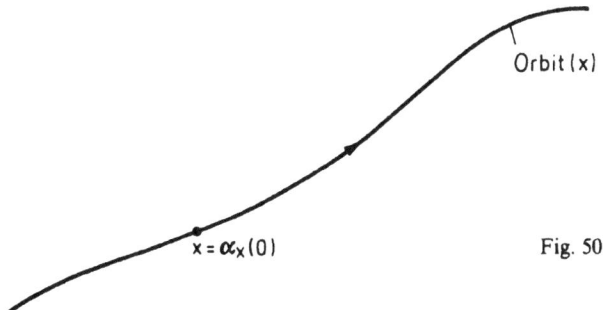

Fig. 50

(8.4) Bemerkung. Ist ein Fluß auf einer Mannigfaltigkeit gegeben, so geht durch jeden Punkt in M genau ein Orbit.

Beweis. Die Relation $x \sim y \Leftrightarrow x = \Phi_t(y)$ für ein t, ist eine Äquivalenzrelation für Punkte von M, wie man unmittelbar nachrechnet. Die Orbits sind die Äquivalenzklassen. □

*

Um eine Vorstellung vom geometrischen Mechanismus eines Flusses zu bekommen, versucht man gewöhnlich nicht, sich die einzelnen Diffeomorphismen Φ_t vorzustellen, sondern man sucht eine Übersicht über den Verlauf aller Orbits zu bekommen. Es gibt drei Typen von Orbits:

(8.5) Bemerkung. Eine Flußlinie $\alpha_x: \mathbb{R} \to M$ eines Flusses ist entweder eine injektive Immersion

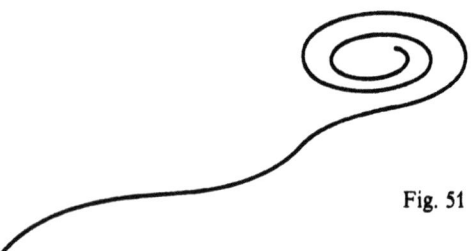

Fig. 51

oder eine *periodische* Immersion

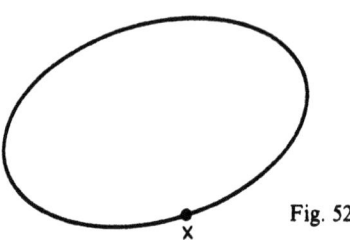

Fig. 52

d.h. α_x ist Immersion und es gibt ein $p>0$ mit $\alpha_x(t+p)=\alpha_x(t)$ für alle t; oder α_x ist konstant, $\alpha_x(t)=x$ für alle t. Im letzten Falle heißt x ein *Fixpunkt des Flusses*.

Beweis. Ist $\alpha:(a,b)\to M$ irgendeine differenzierbare Kurve in M und $t_0\in(a,b)$, so bezeichnen wir mit $\dot\alpha(t_0)\in T_{\alpha(t_0)}M$ den *Geschwindigkeitsvektor der Kurve an der Stelle* t_0:

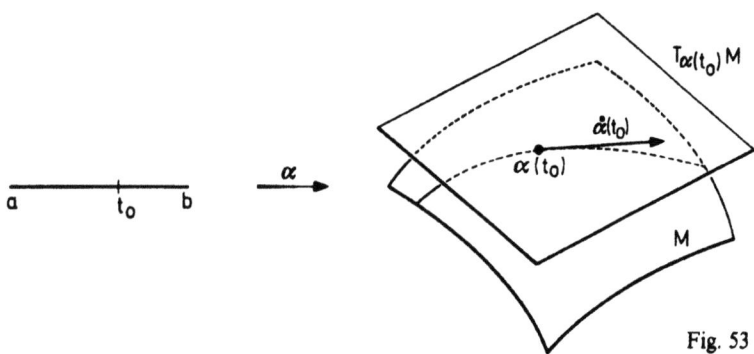

Fig. 53

also $\dot\alpha(t_0)$ ist als Derivation durch $\dot\alpha(t_0)(f):=(d/dt)f\alpha(t_0)$ gegeben.

Für eine Flußlinie α_x gilt nun

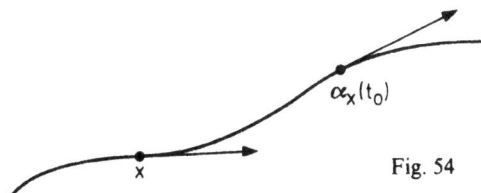

Fig. 54

$\dot{\alpha}_x(t_0) = T(\Phi_{t_0})(\dot{\alpha}_x(0))$, denn $\alpha_x(t+t_0) = (\Phi_{t_0} \circ \alpha_x)(t)$. Da Φ_{t_0} ein Diffeomorphismus ist, ist also entweder $\dot{\alpha}_x(t) \neq 0$ für alle t, d.h. die Flußlinie ist eine Immersion (reguläre Kurve), oder $\dot{\alpha}_x(t) = 0$ für alle t, also α_x konstant. Ist α_x nicht injektiv, also $\alpha_x(t_0) = \alpha_x(t_1)$ für geeignete $t_0 < t_1$, dann ist $\Phi_{t_0}(x) = \Phi_{t_1}(x)$, also auch $\Phi_t \Phi_{t_0}(x) = \Phi_t \Phi_{t_1}(x)$ für alle t, damit $\Phi_t(x) = \Phi_{t+(t_1-t_0)}(x)$, d.h. $\alpha_x(t) = \alpha_x(t+(t_1-t_0))$ für alle t. □

*

Haben wir einen Fluß auf M und ist U eine offene Teilmenge von M, so sehen wir im allgemeinen, daß die Flußlinien der Punkte in U nicht ganz in U verlaufen.

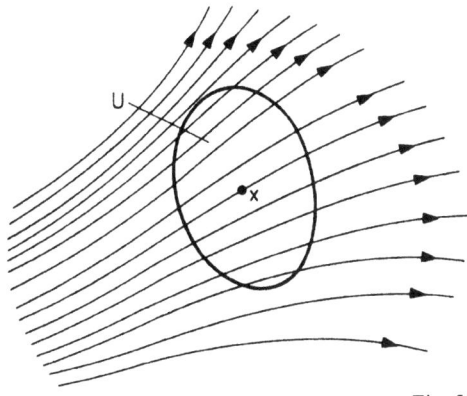

Fig. 55

Aus Stetigkeitsgründen muß aber für $x \in U$ die Flußlinie α_x wenigstens in einem kleinen Intervall (a_x, b_x) um $0 \in \mathbb{R}$ in U verlaufen.

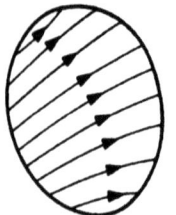

Fig. 56

Diese Situation führt uns zur Definition des Begriffes „lokaler Fluß":

(8.6) Definition. Sei M eine differenzierbare Mannigfaltigkeit. Unter einem *lokalen Fluß* Φ auf M versteht man eine differenzierbare Abbildung

$$\Phi: A \to M$$

einer $0 \times M$ enthaltenden offenen Teilmenge $A \subset \mathbb{R} \times M$ nach M, so daß für jedes $x \in M$ der Durchschnitt $A \cap (\mathbb{R} \times \{x\})$ zusammenhängend ist:

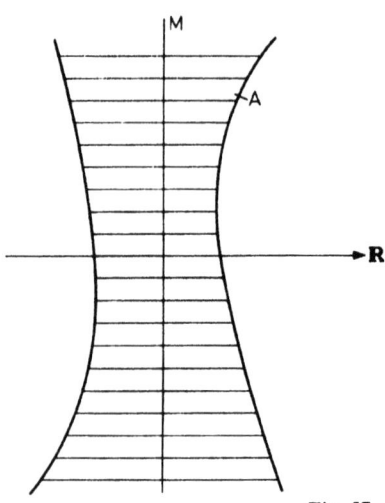

Fig. 57

und so daß gilt:

(i) $\quad\Phi(0,x) = x$ und
(ii) $\quad\Phi(t,\Phi(s,x)) = \Phi(t+s,x)$

für alle t,s,x für die beide Seiten erklärt sind.

Ein lokaler Fluß mit $A = \mathbb{R} \times M$ ist offenbar ein Fluß. *("Globaler Fluß".)*

(8.7) Bezeichnungsweise. Ist $\Phi: A \to M$ ein lokaler Fluß auf M, so werde mit (a_x, b_x) der Definitionsbereich der durch

$$t \mapsto \Phi(t,x)$$

gegebenen Flußlinie α_x von x bezeichnet.

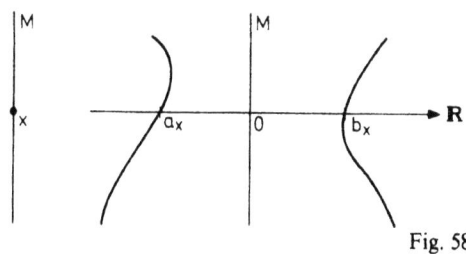

Fig. 58

Hinweis. Bei einem lokalen Fluß kann man natürlich im allgemeinen nicht mehr von den Diffeomorphismen Φ_t sprechen, denn für festes $t \neq 0$ mag $x \mapsto \Phi(t,x)$ gar nicht auf ganz M definiert sein:

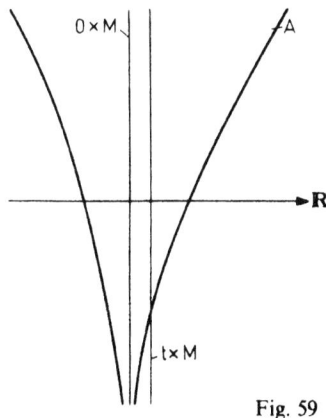

Fig. 59

(8.8) Definition. Ist Φ ein (lokaler oder globaler) Fluß auf M, so heißt das Vektorfeld

$$\dot\Phi: M \to TM$$
$$x \mapsto \dot\alpha_x(0)$$

das *Geschwindigkeitsfeld* des Flusses.

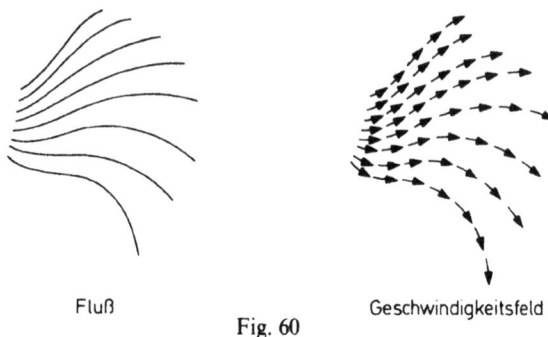

Fluß   Fig. 60   Geschwindigkeitsfeld

(8.9) Bemerkung. Für alle Flußlinien gilt $\dot\alpha_x(t) = \dot\Phi(\alpha_x(t))$ für alle $t \in (a_x, b_x)$ und nicht nur, wie die Definition angibt, für $t = 0$.

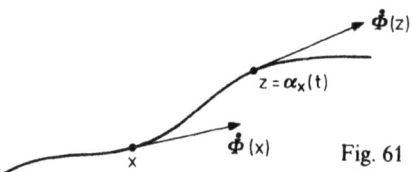

Fig. 61

Beweis. Für $z = \alpha_x(t)$ gilt $\alpha_z(s) = \alpha_x(s+t)$ sofern beide Seiten definiert sind, also jedenfalls in einer Umgebung von $s = 0$, daher ist $\dot\alpha_z(0) = \dot\alpha_x(t)$. □

Man braucht oft in geometrischen Überlegungen Flüsse, die dies oder jenes „tun", gewisse vorgeschriebene Eigenschaften haben. Es wäre nun sehr lästig, wenn man solche Flüsse dann immer explizit als Abbildungen $\mathbb{R} \times M \to M$ oder $A \to M$ konstruieren müßte. Was die Flüsse eigentlich erst brauchbar macht ist der Umstand, daß ein Fluß völlig durch sein Geschwindigkeitsfeld charakterisiert ist und es auch zu jedem vorgegebenen Geschwindigkeitsfeld wirklich einen Fluß gibt.

(8.10) Satz von der Integration von Vektorfeldern. *Jedes Vektorfeld ist Geschwindigkeitsfeld genau eines maximalen lokalen Flusses; auf kompakten Mannigfaltigkeiten sogar eines globalen.*

Beweis. Der eigentliche mathematische Kern dieses Satzes ist der Satz über Existenz und Eindeutigkeit der Lösungen gewöhnlicher Differentialgleichungen erster Ordnung, den wir hier zitieren wollen. Unsere Aufgabe besteht dann nur noch in der gehörigen Übersetzung in die Sprache der Mannigfaltigkeiten. Also:

Zitat aus der Theorie der gewöhnlichen Differentialgleichungen.
Sei $\Omega \subset \mathbb{R}^n$ eine offene Teilmenge und $f: \Omega \to \mathbb{R}^n$ eine differenzierbare (C^∞) Abbildung. Dann gilt

(a) Eindeutigkeitssatz: *Sind*

$$\alpha: (a_0, a_1) \to \Omega \quad \text{und}$$
$$\beta: (b_0, b_1) \to \Omega$$

differenzierbare Kurven mit $\alpha(0) = \beta(0) = x$ und $\dot\alpha(t) = f(\alpha(t))$, $\dot\beta(t) = f(\beta(t))$ für jeweils alle t des Definitionsbereiches, dann ist $\alpha(t) = \beta(t)$ für alle $t \in (a_0, a_1) \cap (b_0, b_1)$.

(b) Existenzsatz: *Zu jedem $x \in \Omega$ gibt es eine offene Umgebung $W \subset \Omega$, ein $\varepsilon > 0$ und eine differenzierbare (C^∞) Abbildung*

$$\varphi: (-\varepsilon, \varepsilon) \times W \to \Omega$$

mit der Eigenschaft $\dot\varphi(t, x) = f(\varphi(t, x))$ und $\varphi(0, x) = x$ für alle $t \in (-\varepsilon, \varepsilon)$, $x \in W$.

Anschluß an die Differentialtopologie: Sei X ein Vektorfeld auf M und (h, U) eine differenzierbare Karte von M. Wir verpflanzen $X|U$ vermittels der zu (h, U) gehörigen Bündelkarte von TM zu einer Abbildung $f: U' \to TU' = U' \times \mathbb{R}^n \to \mathbb{R}^n$ von U' nach $\mathbb{R}^n$

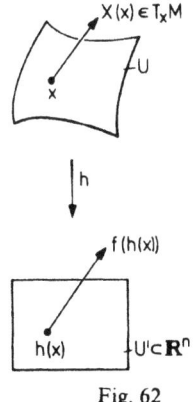

Fig. 62

nämlich $f(h(x)) := T_x h(X(x))$, wobei $T_{h(x)} U' \cong \mathbb{R}^n$ in der kanonischen Weise. Dann gilt für Kurven $\alpha: (a,b) \to U$:

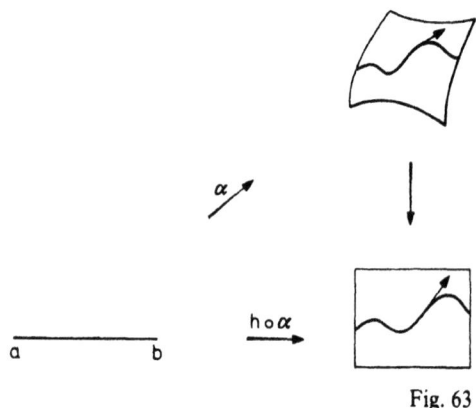

Fig. 63

$$\dot{\alpha}(t) = X(\alpha(t)) \Leftrightarrow (h \circ \alpha)^{\cdot}(t) = f(h \circ \alpha(t)).$$

Wir wollen nun eine Kurve $\alpha: (a,b) \to M$ eine Lösungskurve von X nennen, wenn überall $\dot{\alpha}(t) = X(\alpha(t))$ gilt. Dann zeigt die obige Überlegung, daß es zu jedem $x \in M$ genau eine maximale Lösungskurve $\alpha_x : (a_x, b_x) \to M$ mit $\alpha_x(0) = x$ gibt. Die Existenz überhaupt einer Lösungskurve mit $\alpha(0) = x$ folgt mittels einer Karte um x aus dem Existenzsatz für gewöhnliche Differentialgleichungen, und je zwei solche Lösungskurven stimmen auf dem Durchschnitt ihrer Definitionsintervalle überein, denn die Menge der t, wo beide Lösungen übereinstimmen, ist aus Stetigkeitsgründen abgeschlossen, aber auch offen, wie man aus dem Eindeutigkeitssatz mittels einer Karte um ein geeignetes $y \in M$ sieht;

Fig. 64

also ist auf der Vereinigung aller Definitionsintervalle aller Lösungskurven mit $\alpha(0) = x$ die eindeutig bestimmte maximale Lösungskurve gegeben.

Nun zum eigentlichen *Beweis des Satzes.* Wir beweisen zunächst die folgende Behauptung:

(8.11) Behauptung. *Die durch die Definitionsbereiche der maximalen Lösungskurven bestimmte Menge*

$$A := \bigcup_{x \in M} (a_x, b_x) \times x$$

ist offen in $\mathbb{R} \times M$, *und die durch die Lösungskurven gegebene Abbildung*

$$\Phi: A \to M$$

ist ein maximaler lokaler Fluß mit dem vorgegebenen Vektorfeld als Geschwindigkeitsfeld.

Dazu: Es genügt zu zeigen, daß A offen und Φ differenzierbar ist, denn die Bedingungen $\Phi(0,x) = x$ und $\Phi(t, \Phi(s,x)) = \Phi(t+s,x)$ folgen schon allein daraus, daß die $\Phi|(a_x, b_x) \times x$ Lösungskurven sind: Sowohl durch

$$t \mapsto \Phi(t+s, x)$$

als auch durch

$$t \mapsto \Phi(t, \Phi(s,x))$$

sind (wenn wir alle t zulassen, für die beide Ausdrücke definiert sind), maximale Lösungskurven zum Anfangswert $\Phi(s,x)$ gegeben, die folglich übereinstimmen müssen. Daß der Fluß dann maximal ist, folgt sofort aus der Maximalität der Lösungskurven.

Jetzt betrachte man zu jedem $x \in M$ das Intervall $J_x \subset \mathbb{R}_+$, welches aus denjenigen $t \geq 0$ besteht, für die A eine Umgebung von $[0,t] \times x$ enthält, auf der Φ differenzierbar ist.

Dann haben wir zu zeigen: $J_x = [0, b_x)$, und entsprechend für $t \leq 0$. Nach Definition ist J_x offen und es genügt zu zeigen, daß J_x nicht leer und abgeschlossen in $[0, b_x)$ ist. Beides folgt aus dem lokalen Existenzsatz:

Zu einem Punkt $p \in M$ finden wir nämlich eine Umgebung W von p in M, ein $\varepsilon > 0$ und eine differenzierbare Abbildung

$$\varphi: (-2\varepsilon, 2\varepsilon) \times W \to M,$$

so daß jeweils $\varphi|(-2\varepsilon, 2\varepsilon) \times q$ eine Lösungskurve zum Anfangswert $q \in W$ ist. Daraus folgt zunächst, daß A eine Umgebung von $0 \times M$ enthält, auf der Φ differenzierbar ist; denn wegen der Eindeutigkeit der Lösungskurven muß $\Phi|(-2\varepsilon, 2\varepsilon) \times W = \varphi$ sein. Also ist J_x nicht leer. Ist nun $\tau \in \bar{J}_x$ (Hülle in $[0, b_x)$!) und $\Phi_\tau(x) = p$, so haben wir nach Definition von J_x in A eine Menge $[0, \tau - \varepsilon] \times U$, in deren Umgebung Φ erklärt und differenzierbar ist, wobei U eine Umgebung von x in M ist, und ε für den Punkt p wie eben gewählt, $\tau - 2\varepsilon > 0$.

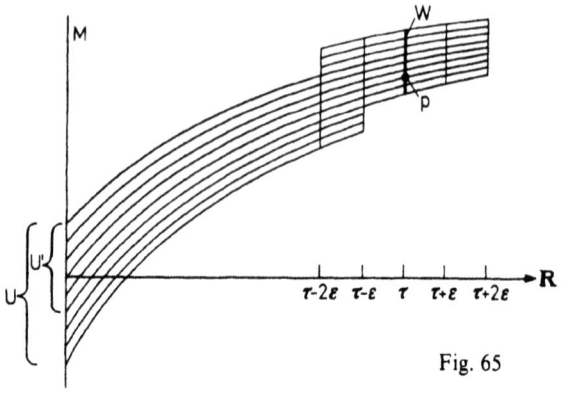

Fig. 65

Definiert man nun die Umgebung U' von x in M durch

$$U' = \Phi_{\tau-\varepsilon}^{-1} \varphi_{-\varepsilon}(W),$$

mit der oben gewählten Umgebung W von p, so ist Φ in einer Umgebung von $[0, \tau+\varepsilon] \times U'$, also insbesondere in einer Umgebung von $[0, \tau] \times x$ erklärt und differenzierbar, denn die differenzierbare Abbildung

$$(\tau - 2\varepsilon, \tau + 2\varepsilon) \times U' \to M$$

$$(t, u) \to \varphi(t - \tau, \Phi(\tau, u))$$

setzt wegen des Eindeutigkeitssatzes die auf $U' \times [0, \tau - \varepsilon]$ durch Φ gegebenen Lösungskurven richtig fort.

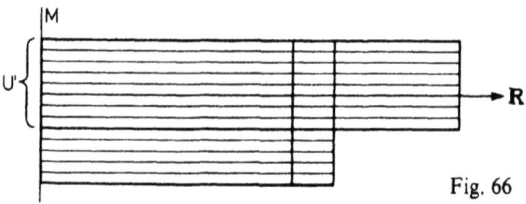

Fig. 66

Daher ist $\tau \in J_x$, was noch zu zeigen war.

Damit haben wir zu vorgegebenem Geschwindigkeitsfeld also einen maximalen lokalen Fluß Φ gefunden, und daß dies auch der einzige maximale ist, folgt sofort aus (8.11), denn jeder Fluß mit demselben Geschwindigkeitsfeld muß eine Einschränkung von Φ sein, weil seine Flußlinien Lösungskurven des Feldes sind und Φ die maximalen Lösungskurven als Flußlinien hat. Damit ist die Eindeutigkeitsaussage des Satzes von der Integration von Vektorfeldern auch bewiesen, und es bleibt nurmehr zu zeigen, *daß der maximale Fluß eines gegebenen Geschwindigkeitsfeldes auf einer kompakten Mannigfaltigkeit ein globaler Fluß ist.*

Wenn M kompakt ist, dann enthält A natürlich eine Teilmenge der Form $(-\varepsilon, \varepsilon) \times M$ für ein $\varepsilon > 0$:

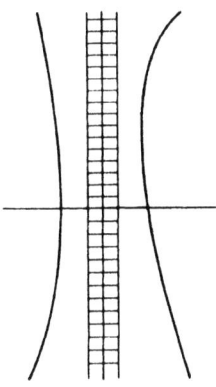

Fig. 67

Dann muß aber auch $(-2\varepsilon, 2\varepsilon) \times M \subset A$ sein, denn man kann den auf $(-\varepsilon, \varepsilon) \times M$ definierten Fluß durch

$$\Phi(t, x) := \Phi\left(\frac{t}{2}, \Phi\left(\frac{t}{2}, x\right)\right)$$

auf $(-2\varepsilon, 2\varepsilon) \times M$ ausdehnen, und da $\Phi: A \to M$ maximal ist, muß also $(-2\varepsilon, 2\varepsilon) \times M \subset A$ sein. Also ist offenbar $\mathbb{R} \times M = A$, womit auch der Satz bewiesen ist. □

(8.12) Aufgaben

1. Man zeige, daß es zu jedem $n \geq 0$ einen Fluß auf S^1 mit genau n Fixpunkten gibt.

2. Man zeige, daß es zu jedem Vektorfeld X auf M eine differenzierbare überall positive Funktion $\varepsilon: M \to \mathbb{R}$ gibt, so daß εX global integrierbar ist.

3. Man zeige, daß jedes auf $\mathbb{R}^n$ definierte beschränkte Vektorfeld global integrierbar ist.

4. Sei $G \subset \mathbb{R}$ eine abgeschlossene Teilmenge, und eine Untergruppe von $(\mathbb{R}, +)$. Man zeige: $G \cong 0$ oder $G \cong \mathbb{Z}$ oder $G = \mathbb{R}$.

Sei $\alpha_x: \mathbb{R} \to M$ eine Flußlinie eines dynamischen Systems: Man zeige, daß $G := \{t \in \mathbb{R} \mid \alpha_x(t) = x\}$ eine abgeschlossene Untergruppe von $(\mathbb{R}, +)$ ist, und daß gilt:

α_x ist immersiv genau, wenn $G \neq \mathbb{R}$.

α_x ist periodisch genau, wenn $G \cong \mathbb{Z}$. Die kleinste Periode ist dann ein Erzeugendes von G.

Ist α_x periodisch, so ist $\alpha_x(\mathbb{R}) \subset M$ eine Untermannigfaltigkeit, und diffeomorph zu einem Kreis.

5. Sei M eine Mannigfaltigkeit mit $\dim M > 1$. Man zeige, daß nicht das Bild jeder injektiven Immersion $\mathbb{R} \to M$ eine Flußlinie eines Flusses auf M sein kann.

6. Man zeige, daß jede zu S^1 diffeomorphe Untermannigfaltigkeit von M als Orbit eines globalen Flusses auf M vorkommen kann.

   Hinweis: **Partitionen der Eins.**

7. Eine offene Teilmenge $U \subset \mathbb{R}^n$ heißt *sternförmig für* $p \in U$, wenn mit jedem Punkt $x \in U$ auch die Verbindungsstrecke von p nach x ganz in U liegt. Man zeige: Eine sternförmige Teilmenge des $\mathbb{R}^n$ ist diffeomorph zu $\mathbb{R}^n$.

   Hinweis: Konstruiere einen Diffeomorphismus, der die Orbits des Vektorfeldes $X(x) = x - p$ auf $\mathbb{R}^n$ auf die Orbits eines Vektorfeldes $\varepsilon \cdot X$ auf U, mit ε wie in Aufgabe 2, abbildet.

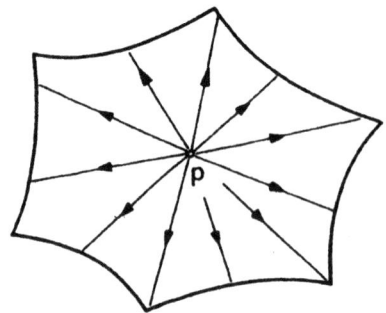

Fig. 68

8. Man gebe einen fixpunktfreien Fluß auf S^{2n-1} an.
   Hinweis: $S^{2n-1} \subset \mathbb{C}^n$.

9. Man definiere auf S^2 einen Fluß, der genau zwei Fixpunkte und genau einen geschlossenen Orbit hat.

10. Man gebe auf der projektiven Ebene $\mathbb{R}P^2$ einen Fluß an, der genau einen Fixpunkt und sonst nur geschlossene Orbits hat.

11. Für jedes $\lambda \in [0,1]$ sei ein Fluß $\Phi^{(\lambda)}: \mathbb{R} \times S^1 \to S^1$ gegeben, so daß die dadurch erklärte Abbildung $[0,1] \times \mathbb{R} \times S^1 \to S^1$ differenzierbar ist und $\Phi^{(1)}$ der rückwärts durchlaufende Fluß $\Phi^{(0)}$ ist: $\Phi^{(1)}(t,x) = \Phi^{(0)}(-t,x)$.

Fig. 69

Man zeige: Jedes $x \in S^1$ ist für ein geeignetes λ Fixpunkt von $\Phi^{(\lambda)}$.

12. Man beweise: Ist X ein Vektorfeld auf S^2, das nirgends zum „Äquator" $S^1 = S^2 \cap (\mathbb{R}^2 \times 0) \subset \mathbb{R}^3$ tangential ist, dann trifft jede Flußlinie den Äquator höchstens einmal.

13. Man zeige, daß es auf dem Torus $S^1 \times S^1$ ein Vektorfeld gibt, von dessen Fluß kein einziger Orbit eine Untermannigfaltigkeit von $S^1 \times S^1$ ist.

    Hinweis: $S^1 \times S^1 = \mathbb{R} \times \mathbb{R}/\mathbb{Z} \times \mathbb{Z}$, betrachte auf $\mathbb{R}^2$ ein geeignetes konstantes Vektorfeld.

14. Man zeige, daß es auf jeder nichtkompakten zusammenhängenden Mannigfaltigkeit ein nicht global integrierbares Vektorfeld gibt.

    Hinweis: Verwende Aufgabe 11 zu § 7.

§ 9. Isotopien von Einbettungen

Zum intuitiven wie auch zum formalen Verständnis der Theorie der differenzierbaren Mannigfaltigkeiten ist es wichtig zu wissen, daß und wie sich Untermannigfaltigkeiten „bewegen" können.

(9.1) Definition. Sei $f: M \to N$ eine Einbettung. Eine differenzierbare Abbildung

$$h: [0,1] \times M \to N$$

heißt *Isotopie* oder *Bewegung* von f, wenn jede der Abbildungen

$$h_t: M \to N,$$
$$x \mapsto h(t,x)$$

eine Einbettung ist und $h_0 = f$ gilt. h heißt eine Isotopie zwischen h_0 und h_1, und h_0 und h_1 heißen isotope Einbettungen.

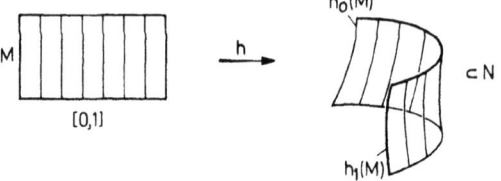

Fig. 70

„Differenzierbar" soll an den „Randpunkten", z. B. $(0,x)$ bedeuten, daß es eine Umgebung $\tilde{U}$ von $(0,x)$ in $\mathbb{R} \times M$ und eine differenzierbare Abbildung $\tilde{h}: \tilde{U} \to N$ gibt, die auf $\tilde{U} \cap ([0,1] \times M)$ mit h übereinstimmt:

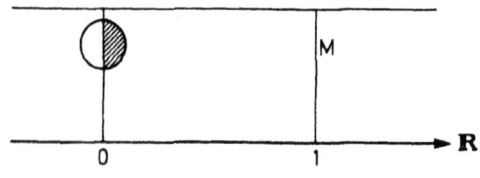

Fig. 71

Obwohl man in dieser Weise über Isotopie denkt und spricht, ist eine etwas modifizierte aber äquivalente Definition technisch oft bequemer. Zum Beispiel geht aus der obigen Definition nicht ohne weiteres hervor, daß Isotopie zwischen Einbettungen eine transitive Relation ist, denn wenn wir Isotopien h zwischen f und f' und k zwischen f' und f'' naiv zusammensetzen:

$$(t,x) \mapsto \begin{cases} h(2t,x) & \text{für } 0 \leq t \leq \tfrac{1}{2} \\ k(2t-1,x) & \text{für } \tfrac{1}{2} \leq t \leq 1, \end{cases}$$

anschaulich also so:

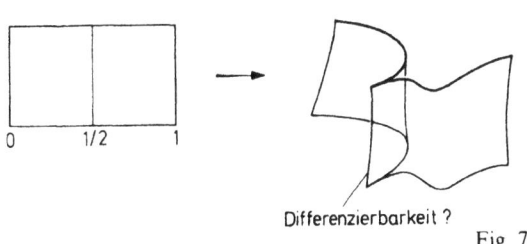

Differenzierbarkeit?

Fig. 72

dann ist diese Abbildung wegen $h_1 = k_0 = f'$ zwar stetig, aber im allgemeinen nicht differenzierbar.

(9.2) Definition. Eine *technische* Isotopie wollen wir eine differenzierbare Abbildung $h: \mathbb{R} \times M \to N$ nennen, für die jedes h_t eine Einbettung ist und außerdem

$$h_t = \begin{cases} h_0 & \text{für } t \leq \varepsilon \\ h_1 & \text{für } t \geq 1 - \varepsilon \end{cases}$$

für ein $\varepsilon > 0$ gilt.

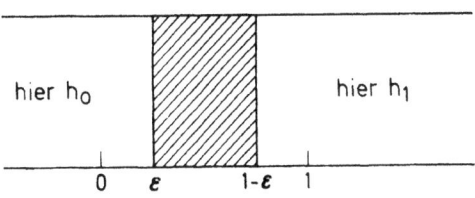

Fig. 73

Solche technischen Isotopien kann man natürlich leicht zusammensetzen:

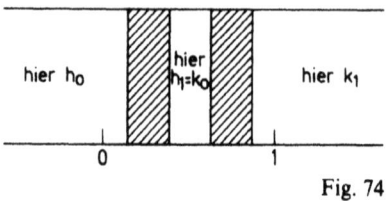

Fig. 74

und die Zusammensetzung ist wieder technisch. Ist h eine technische Isotopie zwischen h_0 und h_1, dann ist offenbar $h|[0,1] \times M$ eine Isotopie zwischen h_0 und h_1. Ist umgekehrt eine Isotopie $h: [0,1] \times M \to N$ zwischen h_0 und h_1 gegeben und ist $\varphi: \mathbb{R} \to [0,1]$ eine C^∞-Funktion der Art

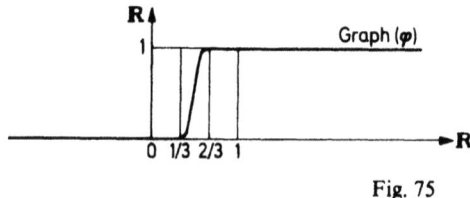

Fig. 75

(vgl. §7), dann ist durch
$$\mathbb{R} \times M \to N,$$
$$(t,x) \mapsto h(\varphi(t),x)$$
eine technische Isotopie zwischen h_0 und h_1 gegeben.

Insbesondere ist also „isotop" eine Äquivalenzrelation.

*

(9.3) Definition. Unter einer *Diffeotopie* einer Mannigfaltigkeit N verstehen wir eine differenzierbare Abbildung
$$H: [0,1] \times N \to N,$$
so daß $H_0 = \mathrm{Id}_N$ und jedes $H_t: N \to N$ ein Diffeomorphismus ist.

Ist H eine Diffeotopie von N und $f: M \to N$ eine Einbettung, dann ist durch $h_t := H_t \circ f$ natürlich eine Isotopie von f gegeben: Bewegt sich die große Mannigfaltigkeit so bewegen sich alle Untermannigfaltigkeiten mit.

(9.4) Definition. Eine Isotopie $h: [0,1] \times M \to N$ heißt in eine Diffeotopie *einbettbar*, wenn es eine Diffeotopie H von N gibt, so daß für alle t gilt: $h_t = H_t \circ h_0$. Die Einbettungen h_0 und h_1 heißen dann *diffeotop in N*.

Zwei diffeotope Einbettungen h_0 und h_1 sind offenbar insbesondere in dem Sinne äquivalent, daß es einen Diffeomorphismus (hier eben H_1) von N auf sich gibt, so daß

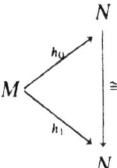

kommutativ ist, was bei bloß isotopen Einbettungen nicht der Fall zu sein braucht. Man kommt demgemäß auch leicht in die Situation, daß man Isotopie hat und Diffeotopie haben möchte. Der folgende Satz, der den Hauptinhalt des gegenwärtigen Paragraphen ausmacht, zeigt, daß dieser Wunsch unter gewissen Bedingungen erfüllt werden kann.

(9.5) Satz (R. Thom 1957). *Ist h eine (technische) Isotopie von Einbettungen von M in N, die außerhalb einer kompakten Teilmenge $M_0 \subset M$ alle Punkte festläßt, dann kann man h in eine (technische) Diffeotopie von N einbetten, und zwar sogar in eine solche, die außerhalb einer kompakten Menge $N_0 \subset N$ alle Punkte festläßt.*

Der Satz gilt für beliebige Isotopien, wir beweisen ihn jedoch der Einfachheit halber nur für technische; er ist so in allen Anwendungen ebenso brauchbar; insbesondere kann man von der Existenz einer Isotopie auf die Existenz einer eingebetteten Isotopie schließen.

*

Beweis des Satzes. Sei also h eine technische Isotopie $h: \mathbb{R} \times M \to N$, die außerhalb der kompakten Menge $M_0 \subset M$ jeden Punkt festläßt. Wir wählen eine kompakte Umgebung N_0 von $h([0,1] \times M_0)$:

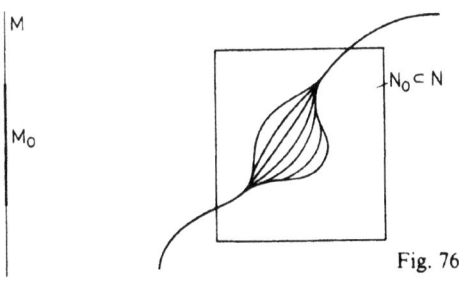

Fig. 76

Wir wollen eine technische Diffeotopie $H: \mathbb{R} \times N \to N$ konstruieren, die außerhalb von N_0 alle Punkte festläßt und die Eigenschaft $h_t = H_t \circ h_0$ hat, wie gefordert. Dazu betrachten wir zunächst die Abbildung

$$F: \mathbb{R} \times M \to \mathbb{R} \times N$$

$$(t, x) \mapsto (t, h_t(x)).$$

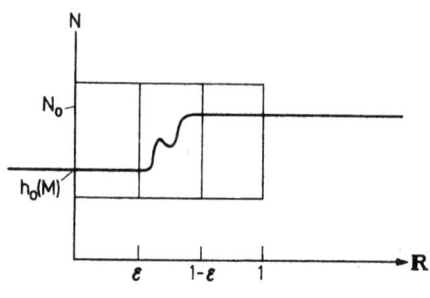

Fig. 77

Um nun h in eine Diffeotopie einzubetten, versuchen wir einen globalen Fluß

$$\Phi: \underset{t}{\mathbb{R}} \times (\underset{\tau}{\mathbb{R}} \times N) \to \mathbb{R} \times N$$

auf $\mathbb{R} \times N$ zu definieren

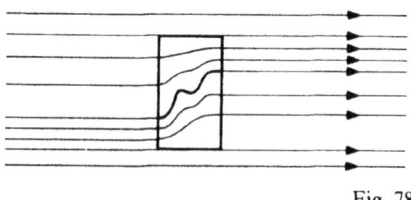

Fig. 78

an den wir die Forderungen stellen:

Forderung (i): Φ_t soll jeweils $\tau \times N$ auf $(\tau + t) \times N$ abbilden.

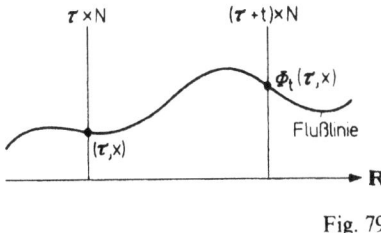

Fig. 79

Forderung (ii): Φ soll die Isotopie „mitführen", was heißen soll:

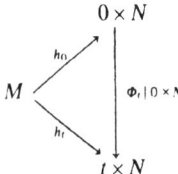

ist für alle t kommutativ; und schließlich

Forderung (iii): Außerhalb von $[\varepsilon, 1-\varepsilon] \times N_0$ soll die Projektion einer jeden Flußlinie auf N lokal konstant sein.

*

Erfüllt Φ diese drei Forderungen, so hat offenbar die durch

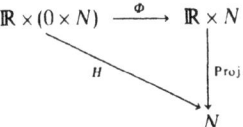

gegebene differenzierbare Abbildung $H: \mathbb{R} \times N \to N$ alle in dem Satze geforderten Eigenschaften: Weil Φ ein Fluß ist, gilt $H_0 = \mathrm{Id}_N$; die Forderung (i) bewirkt, daß jedes $H_t: N \to N$ ein Diffeomorphismus ist ($\Phi_{-t}|t \times N$ sorgt für das Inverse); wegen (ii) gilt $h_t = H_t \circ h_0$ und wegen (iii) ist H eine technische Diffeotopie, die außerhalb von N_0 jeden Punkt festläßt.

*

Da jeder Fluß durch sein Geschwindigkeitsfeld festgelegt ist, müssen sich die Forderungen (i)–(iii) auch als Forderungen an $\dot{\Phi}$ formulieren lassen.

Notiz 1 im Beweis. Ist Φ ein globaler Fluß auf $\mathbb{R} \times N$, so sind die Forderungen (i)–(iii) äquivalent zu den Forderungen (i')–(iii') an $X := \dot{\Phi}$:

(i'): Der ℝ-Anteil von X, das heißt das Bild von X unter dem Differential der Projektion $\mathbb{R} \times N \to \mathbb{R}$, ist überall gleich dem „Einheitstangentialvektor" $\partial/\partial t$.
(ii'): Auf $F(\mathbb{R} \times M)$ ist X durch

$$T_{(t,x)} F\left(\frac{\partial}{\partial t}\right) = X(F(t,x))$$

gegeben.

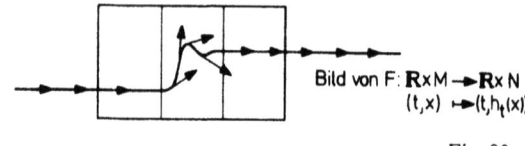

Fig. 80

Das heißt nämlich, daß die durch die Isotopie gegebenen Kurven

$$\mathbb{R} \to \mathbb{R} \times N$$
$$t \mapsto (t, h_t(x))$$

Lösungskurven von X, also Flußlinien von Φ sind, und das wiederum bedeutet gerade, daß die Isotopie so wie in (ii) beschrieben „mitgeführt" wird.
(iii'): Außerhalb von $[\varepsilon, 1-\varepsilon] \times N_0$ soll X gleich $\partial/\partial t$ sein.

*

Notiz 2 im Beweis. Hat ein Vektorfeld X auf $\mathbb{R} \times N$ die Eigenschaften (i')–(iii'), dann ist es Geschwindigkeitsfeld eines globalen Flusses Φ, denn $[0,1] \times N_0$ ist kompakt und die maximalen Lösungskurven zu Anfangspunkten außerhalb $[0,1] \times N_0$ haben wenigstens $(-\varepsilon, \varepsilon)$ im Definitionsbereich, also $(-\delta, \delta) \times (\mathbb{R} \times N) \subset A$ für ein $\delta > 0$, also auch $(-2\delta, 2\delta) \times (\mathbb{R} \times N) \subset A$ usw.

Wir erhalten also als Zwischenergebnis: Der Satz wäre bewiesen, wenn wir ein Vektorfeld X auf $\mathbb{R} \times N$ mit Eigenschaften (i')–(iii') finden könnten.

*

Zunächst bemerken wir, daß die Forderungen (i')–(iii') an den Schnitt $X: \mathbb{R} \times N \to T(\mathbb{R} \times N)$ Forderungen an die einzelnen Vektoren $X(t,x)$ sind, und daß mit v und w aus $T_{(t,x)} \mathbb{R} \times N$ auch alle $\lambda v + (1-\lambda) w$ die Forderungen erfüllen. Deshalb genügt es zu zeigen, daß *lokal* um jeden Punkt ein solches Vektorfeld existiert, weil wir dann mittels einer Zerlegung der Eins das gesuchte Vektorfeld auf ganz $\mathbb{R} \times N$ konstruieren können.

*

Definiert man für jeden Punkt außerhalb der kompakten und daher auch abgeschlossenen Teilmenge $F([\varepsilon, 1-\varepsilon] \times M_0) \subset \mathbb{R} \times N$

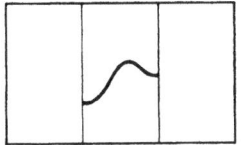

Fig. 81

X als $\partial/\partial t$, so hat man die lokale Konstruktionsaufgabe schon für alle Punkte in $\mathbb{R} \times N - F([\varepsilon, 1-\varepsilon] \times M_0)$ gelöst.

Betrachten wir also jetzt einen Punkt $q_0 = F(t_0, p_0)$ mit $(t_0, p_0) \in [\varepsilon, 1-\varepsilon] \times M_0$. Gesucht ist eine Umgebung U von q_0 in $\mathbb{R} \times N$ und ein Vektorfeld X_0 auf U mit den Eigenschaften (i')–(iii').

Zuerst wählen wir lokale Koordinaten in $t_0 \times N$ um den Punkt q_0, in denen $h_{t_0}(M)$ durch $x_{k+1} = \cdots = x_n = 0$ gegeben ist. Das ist möglich, weil h_{t_0} eine Einbettung ist.

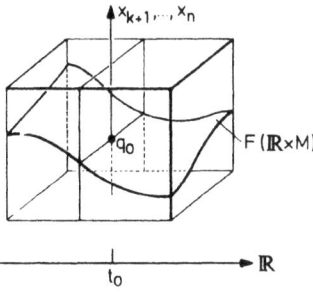

Fig. 82

Dann ist auf einer genügend kleinen Umgebung von $(t_0, p_0, 0)$ in $\mathbb{R} \times M \times \mathbb{R}^{n-k}$, wenn wir Punkte in $\mathbb{R} \times N$ durch die gewählten Koordinaten beschreiben, durch

$$(t, p, x_{k+1}, \ldots, x_n) \mapsto F(t, p) + (0, \ldots, 0, x_{k+1}, \ldots, x_n)$$

eine differenzierbare Abbildung in $\mathbb{R} \times N$ gegeben, die am Punkte $(t_0, p_0, 0)$ maximalen Rang hat und deshalb ein lokaler Diffeomorphismus ist. Wir wählen $\delta > 0$ und eine Umgebung V von p_0 in M so klein, daß auf

$$W := (t_0 - \delta, t_0 + \delta) \times V \times \{x \in \mathbb{R}^{n-k} \mid |x| < \delta\}$$

diese Abbildung, die wir jetzt $\hat{F}$ nennen wollen, einen Diffeomorphismus

$$\hat{F} : W \to \hat{F}(W) =: U$$

definiert und außerdem so klein, daß die Projektion von U auf N innerhalb N_0 bleibt und daß außer den Punkten $\hat{F}(t,p,0)$ keine anderen Punkte von $F(\mathbb{R} \times M)$ in U liegen. (Wäre diese letzte Forderung unerfüllbar, so gäbe es eine Folge $(t_i, p_i)_{i \in \mathbb{N}}$ mit $t_i \to t_0$, $p_i \in M - V$ und $F(t_i, p_i) \to q_0$. Es können nicht unendlich viele p_i in der kompakten Menge $M_0 - V$ liegen, sonst hätten diese einen Häufungspunkt $\bar{p} \in M - V$, für den $F(t_0, \bar{p}) = q_0$ gelten würde, also wäre h_{t_0} nicht injektiv. Also liegen nur endlich viele p_i in M_0 und die Folge (t_i, p_i) liegt schließlich in $\mathbb{R} \times (M - M_0)$. Dort ist h aber nach Voraussetzung von t unabhängig, also gilt nicht nur $F(t_i, p_i) \to q_0$, sondern auch $F(t_0, p_i) \to q_0$, also konnte h_{t_0} keine Einbettung sein: Widerspruch.)

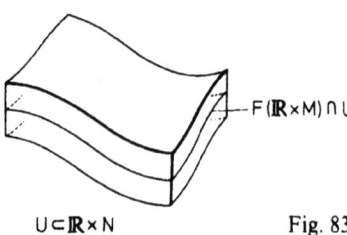

Fig. 83

Nun überträgt man das Vektorfeld $\partial/\partial t$ auf W mittels $\hat{F}$ in ein Vektorfeld X_0 auf U:

$$X_0(u) = T_w(\hat{F})\left(\frac{\partial}{\partial t}\right), \quad \text{mit } w = \hat{F}^{-1}(u)$$

und erhält damit lokal um q_0 ein Vektorfeld mit den Eigenschaften (i′), (ii′), (iii′).

*

Damit ist der noch fehlende Teil der Konstruktion ausgeführt und der „Isotopiesatz" (9.5) bewiesen. □

(9.6) Aufgaben

1. Sei M eine zusammenhängende Mannigfaltigkeit mit dim $M \geq 2$. Seien $x_1, \ldots, x_k$ verschiedene Punkte von M und $y_1, \ldots, y_k$ ebenfalls verschiedene Punkte von M. Man zeige: Es gibt einen Diffeomorphismus $\varphi: M \to M$ mit $\varphi(x_i) = y_i$, $i = 1, \ldots, k$.

2. Sei M eine abgeschlossene Untermannigfaltigkeit der zusammenhängenden Mannigfaltigkeit N, codim $M \geq 2$, und $p, q \in N - M$.
Man zeige: Es gibt einen Diffeomorphismus von N auf sich, der jeden Punkt von M festläßt und p in q abbildet.

3. Ist $\Phi: \mathbb{R} \times M \to M$ ein Fluß, dann ist natürlich $\Phi|[0,1] \times M$ eine Diffeotopie. Man gebe eine Diffeotopie an, die *nicht* Einschränkung eines Flusses ist.

4. Sei $K \subset \mathbb{R}^n$ kompakt und $U \subset \mathbb{R}^n$ offen und nicht leer. Man konstruiere ein global integrierbares Vektorfeld auf $\mathbb{R}^n$, so daß $\Phi_1(K) \subset U$ ist.
5. Man zeige, daß in einem differenzierbaren Vektorraumbündel jeder differenzierbare Schnitt eine zum Nullschnitt isotope Einbettung ist.
6. Man betrachte die Einbettung $S^1 + S^1 \to \mathbb{C}$, die auf dem ersten Summanden die übliche Inklusion, auf dem zweiten durch $x \mapsto 2x$ gegeben ist:

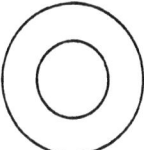

Fig. 84

Durch $h_\tau : S^1 + S^1 \to \mathbb{C}$,
$$e^{2\pi i t} \mapsto e^{2\pi i (t+\tau)},$$
$$e^{2\pi i s} \mapsto 2e^{2\pi i (s-\tau)}$$

für $0 \leq \tau \leq 1$, ist eine Isotopie dieser Einbettung definiert. Man bette sie in eine Diffeotopie ein.

7. Man zeige: Die antipodische Abbildung
$$S^n \to S^n$$
$$x \mapsto -x$$

ist genau dann zur Identität isotop, wenn n ungerade ist.

8. Man konstruiere eine Einbettung $f: \mathbb{R} \to \mathbb{R}$ mit $f(\mathbb{R}) = (0,1)$.
9. Man gebe eine Isotopie der Einbettung
$$(0,1) \to \mathbb{R}^2$$
$$t \mapsto (t,0)$$

an, die nicht in eine Diffeotopie von $\mathbb{R}^2$ eingebettet werden kann.

10. Man zeige, daß je zwei orientierungserhaltende Einbettungen $\mathbb{R} \to \mathbb{R}$ isotop sind.
11. Es sei $n > m$. Man zeige, daß je zwei Einbettungen $\mathbb{R}^m \to \mathbb{R}^n$ isotop sind.
12. Man gebe zwei orientierungserhaltende aber nicht diffeotope Einbettungen $\mathbb{R} \to \mathbb{R}$ an.

13. Man zeige, daß die Einbettungen
$$S^1 \subset \mathbb{R}^2 - \{0\}$$
und
$$S^1 \to \mathbb{R}^2 - \{0\}$$
$$x \mapsto x + (2,0)$$
nicht isotop in $\mathbb{R}^2 - \{0\}$ sind

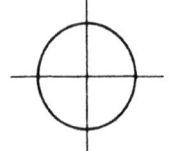 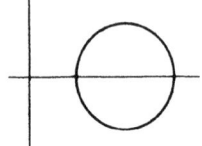

Fig. 85

Hinweis: Funktionentheorie I.

14. Man finde eine Isotopie $h: \mathbb{R} \times M \to N$, derart, daß die Abbildung
$$\mathbb{R} \times M \to \mathbb{R} \times N$$
$$(t,x) \mapsto (t, h(t,x))$$
keine Einbettung ist.

Hinweis: Es geht mit $M = \mathbb{R}$, $N = \mathbb{R}^2$.

§ 10. Die zusammenhängende Summe

Es ist anschaulich klar, wie man zwei zusammenhängende Mannigfaltigkeiten M_1 und M_2 zu einer dritten zusammenhängenden Mannigfaltigkeit $M_1 \# M_2$ verschmelzen kann:

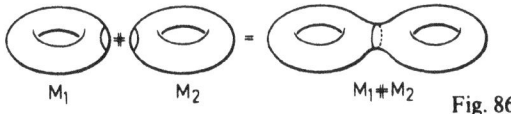

Fig. 86

Wir behandeln diese Verknüpfung in diesem Paragraphen als eine Anwendung des Isotopiesatzes (9.5), denn es ist der Isotopiesatz welcher zeigt, weshalb das Resultat $M_1 \# M_2$ im wesentlichen wohldefiniert, also unabhängig von den Modalitäten der Verschmelzung ist.

*

(10.1) Definition. Sei M^n eine zusammenhängende n-dimensionale Mannigfaltigkeit und $f, g: \mathbb{R}^n \to M^n$ zwei Einbettungen. Wir sagen, daß f und g das gleiche *Orientierungsverhalten* haben, wenn entweder M^n nicht orientierbar ist oder f und g bezüglich einer festen Orientierung von $\mathbb{R}^n$ und M^n beide orientierungserhaltend oder beide orientierungsumkehrend sind.

(10.2) Notiz. Ist $\tau: \mathbb{R}^n \to \mathbb{R}^n$ durch $\tau(x_1, \ldots, x_n) = (-x_1, x_2, \ldots, x_n)$ gegeben und haben $f, g: \mathbb{R}^n \to M^n$ unterschiedliches Orientierungsverhalten, dann haben f und $g \circ \tau$ gleiches Orientierungsverhalten.

*

(10.3) Lemma. *Haben zwei Einbettungen von $\mathbb{R}^n$ in die zusammenhängende n-dimensionale Mannigfaltigkeit M^n das gleiche Orientierungsverhalten, dann sind sie isotop.*

Beweis. Es seien $f, g: \mathbb{R}^n \to M^n$ die beiden Einbettungen. Zuerst wollen wir uns überzeugen, daß wir oBdA $f(0) = g(0)$ annehmen dürfen.

Auf einer zusammenhängenden Mannigfaltigkeit gibt es zu je zwei Punkten p und q immer eine Diffeotopie H, die p in q überführt: $H_1(p)=q$, man braucht nur eine Isotopie zwischen den Einbettungen

$$\{p\} \to \{p\} \subset M$$
und
$$\{p\} \to \{q\} \subset M$$

mittels (9.5) in eine Diffeotopie einzubetten; und eine solche Isotopie liefert uns ja jeder differenzierbare Weg von p nach q.

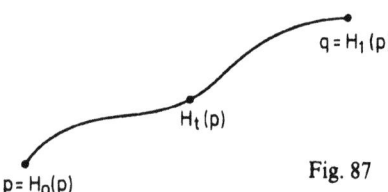

Fig. 87

Ist nun H eine Diffeotopie mit $H_1(f(0))=g(0)$, dann genügt es, $H_1 \circ f$ und g als isotop nachzuweisen, weil Isotopie eine Äquivalenzrelation ist. Da natürlich alle $H_t \circ f$ dasselbe Orientierungsverhalten haben, haben auch $H_1 \circ f$ und g dasselbe Orientierungsverhalten, so daß nun das Problem auf den Fall $f(0)=g(0)$ zurückgeführt ist. *Werde nun also $f(0)=g(0)$ angenommen.*

Der nächste Schritt im Beweis wird sein, f und g „schrumpfen" zu lassen. Doch bevor wir das tun, wollen wir eine kleine, auch später gelegentlich nützliche Bemerkung über den $\mathbb{R}^n$ notieren.

Zu vorgegebenem $r_0>0$, $\varepsilon>0$ wählen wir eine auf $[0,\infty)$ definierte C^∞-Funktion φ mit überall positiver Ableitung, die auf $[0,r_0]$ durch $\varphi(r)=r$ gegeben ist und deren Limes für r gegen unendlich $r_0+\varepsilon$ ist:

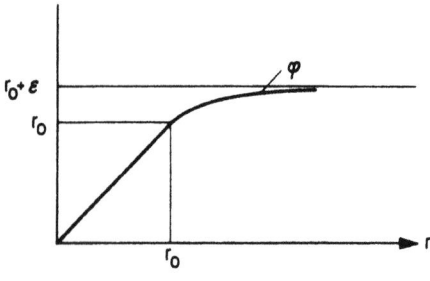

Fig. 88

Dann ist auch die durch $\psi(r):=(1/r)\varphi(r)$ gegebene Funktion ψ auf $[0,\infty)$ eine C^∞-Funktion

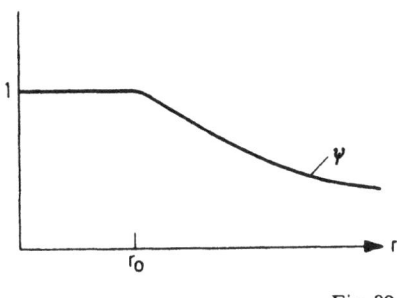

Fig. 89

und wir haben durch

$$\sigma_t(x):=\psi(t|x|)\cdot x$$

eine Isotopie σ von Einbettungen $\mathbb{R}^n \to \mathbb{R}^n$ definiert (man rechne in Polarkoordinaten!), von der wir einige Eigenschaften zitierfähig festhalten wollen.

(10.4) Notiz. Zu vorgegebenem $r_0 > 0$ und $\varepsilon > 0$ gibt es eine Isotopie σ („*Schrumpfung*") zwischen der Identität auf $\mathbb{R}^n$ und einer Einbettung $\mathbb{R}^n \to \mathbb{R}^n$, deren Bild $(r_0 + \varepsilon)\mathring{D}^n := \{x \in \mathbb{R}^n \mid |x| < r_0 + \varepsilon\}$ ist und zwar so, daß alle Punkte von $r_0 D^n = \{x \in \mathbb{R}^n \mid |x| \leq r_0\}$ während der Isotopie festbleiben.

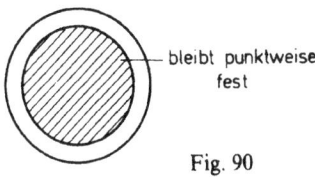

bleibt punktweise fest

Fig. 90

Insbesondere haben wir in σ_1 einen Diffeomorphismus zwischen $\mathbb{R}^n$ und $(r_0 + \varepsilon)\mathring{D}^n$, der auf $r_0 D^n$ die Identität ist, woraus zum Beispiel folgt:

(10.5) Korollar. *Ist eine offene Umgebung von $r_0 D^n \subset \mathbb{R}^n$ in eine Mannigfaltigkeit M eingebettet, so gibt es auch eine Einbettung $\mathbb{R}^n \to M$, die auf $r_0 D^n$ mit der gegebenen Einbettung übereinstimmt.*

Nun fahren wir im Beweis des Lemmas (10.3) fort. Wir wählen eine Karte von M um den Punkt $f(0)=g(0)$ und zwar so, daß das Bild des Kartengebietes U der ganze $\mathbb{R}^n$ ist.

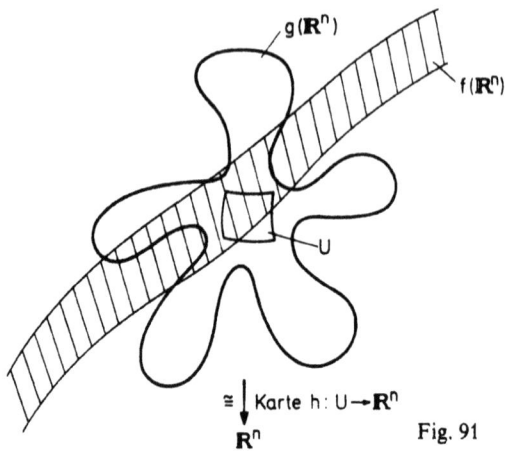

Fig. 91

Eine solche Karte finden wir leicht, da ja $\varepsilon \mathring{D}^n \cong \mathbb{R}^n$ ist.

Nun wählen wir eine so starke Schrumpfung (10.4), daß $f\circ\sigma_1(\mathbb{R}^n)\subset U$ und $g\circ\sigma_1(\mathbb{R}^n)\subset U$.

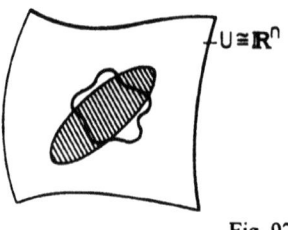

Fig. 92

Da $f\circ\sigma_1$ isotop zu f ist (die Isotopie ist durch $h_t:=f\circ\sigma_t$ gegeben) und ebenso $g\circ\sigma_1$ zu g, so haben wir nur noch zu beweisen, daß $f\circ\sigma_1$ und $g\circ\sigma_1$ isotop sind.

*

Damit haben wir es nun mit Einbettungen $\mathbb{R}^n\to\mathbb{R}^n$ zu tun. Betrachten wir einmal eine einzelne solche Einbettung

$$\varphi:\mathbb{R}^n\to\mathbb{R}^n$$

mit $\varphi(0)=0$. Dann ist (und dies ist eigentlich das Kernstück des ganzen Beweises) φ isotop zu der durch die Jacobi-Matrix am Nullpunkt gegebenen linearen Einbettung
$$D\varphi_0: \mathbb{R}^n \to \mathbb{R}^n.$$

Nach Lemma (2.3) gibt es nämlich differenzierbare Abbildungen
$$\psi_i: \mathbb{R}^n \to \mathbb{R}^n, \quad i = 1, \ldots, n$$
mit
$$\varphi(x) = \sum_{i=1}^{n} x_i \psi_i(x)$$

und dann besteht die Jakobimatrix $D\varphi_0$ gerade aus den Spalten $\psi_i(0)$:
$$D\varphi_0 = (\psi_1(0), \ldots, \psi_n(0)).$$

Man definiert die Isotopie zwischen φ und $D\varphi_0$ jetzt durch

$$(t, x) \mapsto \underbrace{\sum_{i=1}^{n} x_i \psi_i(t x)}_{\substack{\text{offenbar}\\\text{differenzierbar}}} = \begin{cases} \dfrac{\varphi(t x)}{t} & \text{für } t > 0 \\[2mm] D\varphi_0 \cdot x & \text{für } t = 0 \end{cases}$$

$\underbrace{}_{\substack{\text{offenbar eine}\\\text{Einbettung}\\\mathbb{R}^n \to \mathbb{R}^n \text{ für}\\\text{jedes } t.}}$

*

Wenn nun zwei lineare Einbettungen (also Isomorphismen) $\mathbb{R}^n \to \mathbb{R}^n$ das gleiche Orientierungsverhalten haben, dann sind sie in der gleichen Zusammenhangskomponente von $GL(n, \mathbb{R})$ und deshalb isotop (die elementaren Umformungen einer Matrix – Vielfaches einer Zeile (Spalte) zu einer andern addieren, eine Zeile (Spalte) mit einer Zahl $\alpha \neq 0$ multiplizieren – führen nicht in eine andere Bogenkomponente, wenn $\alpha > 0$ ist).

Damit können wir nun für den Fall einer orientierbaren Mannigfaltigkeit M den Beweis des Lemmas (10.3) vollenden: In diesem Fall haben nämlich mit f und g auch $f \circ \sigma_1$ und $g \circ \sigma_1$ das gleiche Orientierungsverhalten, und zwar nicht nur bezüglich M, sondern auch bezüglich $U \cong \mathbb{R}^n$, so daß wir orientierungsgleiche und daher isotope Jacobimatrizen erhalten.

Ist jedoch M nichtorientierbar, so ist auch an f und g keine Orientierungsbedingung gestellt und es könnte sein, daß $f \circ \sigma_1$ und $g \circ \sigma_1$ bezüglich $U \cong \mathbb{R}^n$ entgegengesetztes Orientierungsverhalten haben, so daß der Weg über die Jacobimatrizen zunächst versperrt ist.

Offenbar wäre aber diese Schwierigkeit behoben, wenn wir die folgende Behauptung beweisen könnten.

Behauptung. *Ist M eine zusammenhängende nicht orientierbare Mannigfaltigkeit und $p \in M$, so gibt es eine Diffeotopie H von M mit $H_1(p) = p$ und so, daß $T_p H_1 : T_p M \to T_p M$ orientierungsumkehrend ist.*

Angenommen diese Behauptung wäre falsch. Dann wählen wir eine Orientierung für $T_p M$ und orientieren jeden anderen Tangentialraum $T_q M$ auf folgende Weise: Man wählt einen differenzierbaren Weg $\alpha: [0,1] \to M$, $\alpha(0) = p$, $\alpha(1) = q$; bettet ihn in eine Diffeotopie H^α ein und orientiert $T_q M$ mittels

$$T_p H_1^\alpha : T_p M \cong T_q M.$$

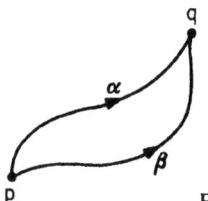

Fig. 93

Diese Orientierung von $T_q M$ ist wirklich unabhängig von der Wahl von α und H^α, denn würde eine andere Diffeotopie H^β die entgegengesetzte Orientierung liefern, so würde die Zusammensetzung von H^α mit der rückwärts durchlaufenden Diffeotopie H^β (vgl. 9.2) die in der Behauptung gewünschte Eigenschaft haben. Auf diese Weise erhielten wir in der Tat eine Orientierung von M, während M als nicht orientierbar vorausgesetzt ist: Widerspruch.

Damit ist die Behauptung und mit ihr das Lemma (10.3) bewiesen. □

*

(10.6) Definition. Es seien M_1 und M_2 *n*-dimensionale zusammenhängende Mannigfaltigkeiten; orientiert falls orientierbar. Es seien

$$f_1 : \mathbb{R}^n \to M_1$$
$$f_2 : \mathbb{R}^n \to M_2$$

Einbettungen. Sind die Mannigfaltigkeiten orientiert, so sei f_1 orientierungserhaltend, f_2 orientierungsumkehrend. Dann nennt man die *n*-dimensionale differenzierbare Mannigfaltigkeit, die aus der disjunkten Summe

$$[M_1 - f_1(\tfrac{1}{3} D^n)] + [M_2 - f_2(\tfrac{1}{3} D^n)]$$

durch Identifizieren von

$$f_1(tx) \quad \text{mit} \quad f_2((1-t)x)$$

für alle $\tfrac{1}{3} < t < \tfrac{2}{3}$, $x \in S^{n-1}$ entsteht, die *zusammenhängende Summe* von M_1 und M_2 bezüglich der Einbettungen f_1 und f_2 und bezeichnet sie mit $M_1 \# M_2$.

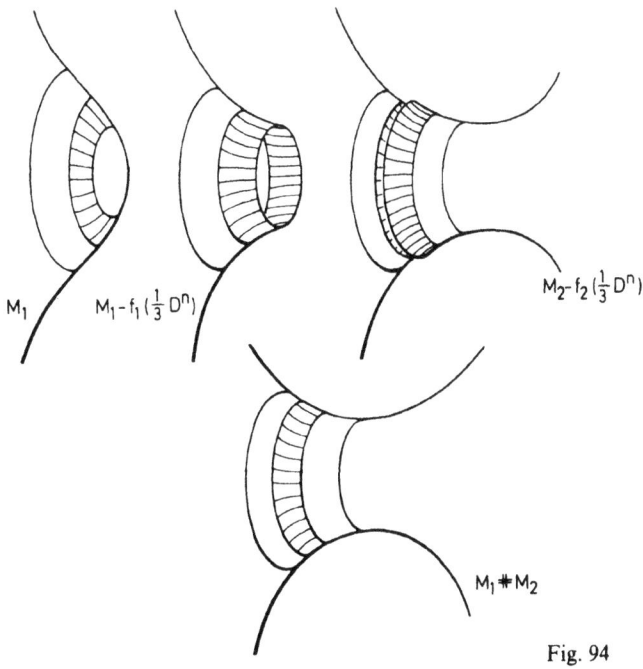

Fig. 94

Bevor wir uns noch etwas näher mit der zusammenhängenden Summe befassen sind vielleicht einige allgemeine Bemerkungen über das „Identifizieren" am Platze.

(10.7) Bemerkungen über das Identifizieren. Seien X und Y topologische Räume, $X_0 \subset X$, $Y_0 \subset Y$ Teilräume und $\alpha: X_0 \to Y_0$ ein Homöomorphismus. Dann kann man X und Y mittels α längs X_0 und Y_0 zu einem neuen topologischen Raum $X \underset{\alpha}{\cup} Y$ zusammenkleben und das geschieht so:

In $X + Y$ führt man eine Äquivalenzrelation $\sim$ dadurch ein, daß man jedes $x \in X_0$ zu seinem Bildpunkt $\alpha(x) \in Y_0$ äquivalent erklärt, so daß die Äquivalenzklassen also so aussehen:

$$\begin{aligned}&\{x\} &&\text{für } x \in X - X_0,\\&\{y\} &&\text{für } y \in Y - Y_0,\\&\{x, \alpha(x)\} &&\text{für } x \in X_0.\end{aligned}$$

Die Menge $X + Y/\sim$ der Äquivalenzklassen, versehen mit der Quotiententopologie, bezeichnet man dann mit $X \underset{\alpha}{\cup} Y$:

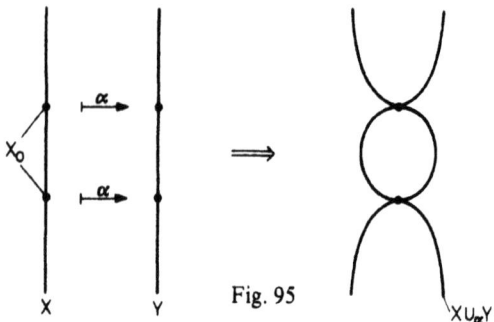

Fig. 95

Notiz. In kanonischer Weise sind X und Y als Teilräume von $X \underset{\alpha}{\cup} Y$ aufzufassen.

Notiz. Sind X und Y differenzierbare Mannigfaltigkeiten, X_0 und Y_0 offene Untermannigfaltigkeiten, $\alpha: X_0 \to Y_0$ ein Diffeomorphismus und(!) ist $X \underset{\alpha}{\cup} Y$ hausdorffsch, dann ist $X \underset{\alpha}{\cup} Y$ in kanonischer Weise eine differenzierbare Mannigfaltigkeit.

So würde sich zum Beispiel, wenn wir statt der Identifizierung

$$f_1(tx) \to f_2((1-t)x)$$

Fig. 96

die Identifizierung $f_1(tx) \to f_2(tx)$ vornehmen würden

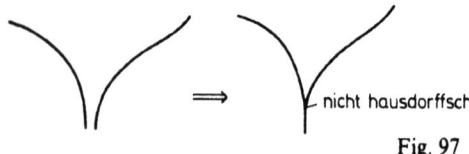

Fig. 97

überhaupt keine Mannigfaltigkeit ergeben (wenn auch ein lokal euklidischer topologischer Raum).

Die Bedingung, daß $X \underset{\alpha}{\cup} Y$ wieder hausdorffsch wird, läßt sich so fassen: Ist $x \in X - X_0$, $x_\nu \in X_0$ und $\lim(x_\nu) = x$, so existiert $\lim(\alpha(x_\nu))$ nicht in Y.

(10.8) Notiz und Vereinbarung. Eine zusammenhängende Summe zusammenhängender Mannigfaltigkeiten M_1 und M_2 ist genau dann orientierbar, wenn M_1 und M_2 orientierbar sind und es gibt dann genau eine Orientierung auf $M_1 \# M_2$, die auf $M_i - f_i(\frac{1}{3} D^n)$, $i = 1, 2$, mit den gegebenen Orientierungen übereinstimmt. Mit dieser Orientierung sei hinfort eine zusammenhängende Summe orientierter Mannigfaltigkeiten immer versehen.

*

Die Konstruktion von $M_1 \# M_2$ geschieht mittels Einbettungen $f_i: \mathbb{R}^n \to M_i$. Daß es überhaupt solche Einbettungen gibt (vorausgesetzt, daß die M_i nicht leer sind) ist klar (Karten und (10.5)). Inwieweit ist aber $M_1 \# M_2$ unabhängig von der Wahl dieser Einbettungen?

Zunächst ist folgendes evident: Sind $f_i: \mathbb{R}^n \to M_i$ und $f'_i: \mathbb{R}^n \to M'_i$ solche Einbettungen und $\varphi_i: M_i \overset{\cong}{\to} M'_i$ Diffeomorphismen, für die

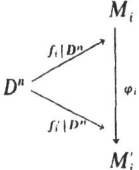

kommutativ ist, dann induzieren die φ_i einen Diffeomorphismus zwischen $M_1 \# M_2$, gebildet mittels f_1 und f_2, und $M'_1 \# M'_2$, gebildet mittels f'_1 und f'_2.

Im Falle $M_i = M'_i$ wissen wir schon, daß f_i und f'_i wegen des vorausgesetzten gleichen Orientierungsverhaltens isotop sind (Lemma (10.3)). Diese Isotopie braucht aber nicht außerhalb einer kompakten Teilmenge des $\mathbb{R}^n$ alle Punkte festzulassen, und deshalb können wir sie nicht ohne weiteres in eine Diffeotopie einbetten – was wir gern tun würden, weil ja dann

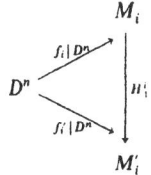

kommutativ wäre. Es ist aber auch nicht notwendig, die ganze Isotopie in eine Diffeotopie einzubetten, weil es uns nur auf D^n ankommt.

(10.9) Ergänzung zum Isotopiesatz. *Ist h eine (technische) Isotopie von Einbettungen $M \to N$ und $M_0 \subset M$ kompakt, dann gibt es eine Diffeotopie H von N, die außerhalb einer kompakten Teilmenge von N jeden Punkt festläßt, mit $h_t|M_0 = H_t \circ h_0|M_0$.*

Zum Beweis. Der Beweis verläuft fast genau so wie der des Isotopiesatzes (9.5) selbst, nur braucht an das zu konstruierende Vektorfeld X auf $\mathbb{R} \times N$ die Forderung (ii'): $T_{(t,x)} F(\partial/\partial t) = X(F(t,x))$ jetzt nur für die Punkte $(t,x) \in \mathbb{R} \times M_0$ gestellt zu werden, wodurch das Argument auf Seite 98, bei dem die Unabhängigkeit des h_t von t außerhalb M_0 eine Rolle spielte, entbehrlich wird. ☐

(10.10) Korollar. *Der (gegebenenfalls orientierte) Diffeomorphietyp von $M_1 \# M_2$ hängt von der Wahl der Einbettungen $\mathbb{R}^n \to M_i$ nicht ab.*

Wir können deshalb in Fällen, wo es nur auf diesen (gegebenenfalls orientierten) Diffeomorphietyp ankommt, einfach von „der" zusammenhängenden Summe $M_1 \# M_2$ sprechen und uns irgend eine spezielle zusammenhängende Summe dabei vorstellen.

(10.11) Aufgaben

1. Es sei M eine orientierte zusammenhängende Mannigfaltigkeit, $p,q \in M$ und $\varphi : T_p M \cong T_q M$ ein orientierungserhaltender Isomorphismus. Man zeige: Es gibt einen Diffeomorphismus $f : M \to M$ mit $T_p f = \varphi$.

2. Man zeige, daß es keine Einbettung $f : \mathbb{R}^2 \to S^1 \times \mathbb{R}$ gibt, für die $f(\mathbb{R}^2)$ eine der Mengen $S^1 \times \{x\}$ enthielte.

Hinweis: Benutze Aufgabe 13 in § 9.

3. Daß je zwei Einbettungen von $\mathbb{R}^n$ in eine n-dimensionale zusammenhängende nicht orientierbare Mannigfaltigkeit isotop sind, hat eine merkwürdige Konsequenz: Falls das Weltall, das wir ja nur lokal kennen, global nicht zu $\mathbb{R}^3$, sondern z. B. zu $S^1 \times \mathbb{R}P^2$ diffeomorph sein sollte, so könnte man eine Reise machen, von der man spiegelverkehrt zurückkommt (Herz rechts usw.).
$-/-(:?)-/-(:??-)/-:\ldots\ldots\ldots\ldots$

4. Zeichnet man in k Exemplaren der Sphäre S^n je einen Punkt aus und geht dann von der disjunkten Summe $S^n + \cdots + S^n$ zu dem Quotientenraum über, der sich durch Identifizieren aller dieser k Punkte miteinander ergibt, so erhält man ein sogenanntes „Bukett" aus k n-Sphären. Man gebe einen zu diesem Sphärenbukett homöomorphen Teilraum von $\mathbb{R}^{n+1}$ an. Ist das Sphärenbukett eine Mannigfaltigkeit?

5. Sei $\mathfrak{A} = \{h_\alpha : U_\alpha \to U'_\alpha | \alpha \in A\}$ ein Atlas für eine topologische n-dimensionale Mannigfaltigkeit M. Auf der disjunkten topologischen Summe $\sum_{\alpha \in A} U'_\alpha$ betrachte man die kleinste Äquivalenzrelation $\sim$, unter der je zwei Punkte äquivalent sind, wenn sie einander unter einem Kartenwechsel entsprechen. Man zeige, daß $\sum U'_\alpha / \sim$ homöomorph zu M ist.

6. Man beweise:

$$(M_1 \# M_2) \# M_3 \cong M_1 \# (M_2 \# M_3),$$

$$M_1 \# M_2 \cong M_2 \# M_1,$$

$$M \# S^n \cong M,$$

falls die genannten zusammenhängenden Summen gemäß (10.6), (10.8) definiert werden können.

7. $\mathbb{R}^n \# \cdots \# \mathbb{R}^n \cong ? \subset \mathbb{R}^n$.

8. Man zeige, daß es auf

$$\mathbb{R}P^2 \# \mathbb{R}P^2$$

ein nirgends verschwindendes Vektorfeld gibt.

9. Man beweise: Sind M_1 und M_2 kompakte Untermannigfaltigkeiten des $\mathbb{R}^k$, so ist auch $M_1 \# M_2$ in den $\mathbb{R}^k$ einbettbar.

10. Für ungerade n ist $\mathbb{R}P^n$ orientierbar. Man zeige, daß der Diffeomorphietyp von

$$\mathbb{R}P^n \# M$$

unabhängig davon ist, welche Orientierung man in den beiden Summanden wählt.

11. Es seien $M_1, \ldots, M_k$ zusammenhängende n-dimensionale Mannigfaltigkeiten. Man zeige, daß

zu $M_1 \# \cdots \# M_k \# (S^1 \times S^{n-1})$ diffeomorph ist.

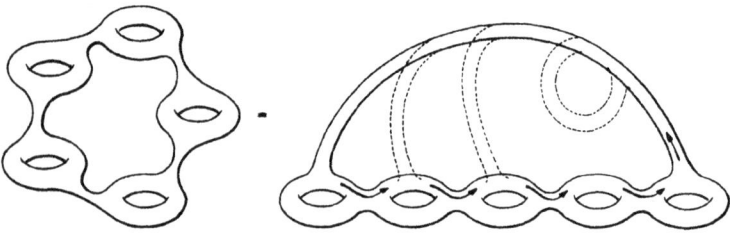

Fig. 99

§ 11. Differentialgleichungen 2. Ordnung und Sprays

Ist M eine offene Teilmenge von $\mathbb{R}^n$, so verläuft von jedem Punkt $x \in M$ mit vorgeschriebener Geschwindigkeit $v \in \mathbb{R}^n$ ein Stück weit die Gerade $t \mapsto x + tv$ in M:

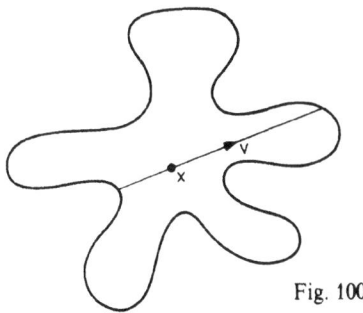

Fig. 100

und je zwei genügend benachbarte Punkte kann man durch eine Strecke in M verbinden.

Auf einer allgemeinen Mannigfaltigkeit kann man natürlich lokal dasselbe mit Hilfe von Karten machen, aber für globale Probleme ist das ohne Wert, weil die Verbindungsstrecken natürlich sehr von der Wahl der Karten abhängen und deshalb in den Überlappungsgebieten nicht wohldefiniert sind.

Ist z. B. M offen in $\mathbb{R}^n$ und $f, g: X \to M$ nahe benachbart in der C^0-Topologie, dann ist durch

$$(x, t) \mapsto (1 - t) f(x) + t g(x)$$

eine Homotopie zwischen f und g in M erklärt

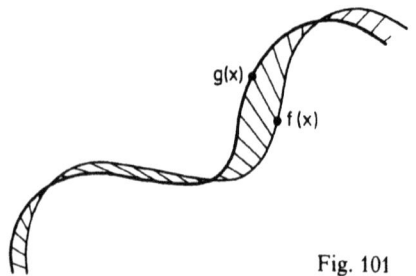

Fig. 101

Um eine solche Konstruktion für eine allgemeine Mannigfaltigkeit M zu imitieren, brauchte man einen koordinatenunabhängigen Ersatz für die Verbindungsstrecke zweier Punkte. Hierfür soll der vorliegende Paragraph sorgen.

*

Traditionellerweise wird das „ganz einfach" so gemacht: Man führt auf M eine Riemannsche Metrik ein: Die Geodätischen spielen dann lokal die Rolle der Geraden. Für ein Buch wie dieses hat es nur den Nachteil, daß man allerhand Kenntnisse in der Riemannschen Geometrie voraussetzen müßte. Wir folgen deshalb stattdessen der von Serge Lang [3] verwendeten Methode der „Sprays", die sich vollständig auf wenigen Seiten entwickeln läßt.

*

(11.1) Schreibweise. Wir erinnern nochmals daran, daß wir für eine differenzierbare Kurve $\gamma: (a,b) \to M$ in einer Mannigfaltigkeit mit $\dot\gamma(t) \in T_{\gamma(t)}M$ den *Geschwindigkeitsvektor*

$$\dot\gamma(t) := T_t \gamma \left(\frac{d}{dt}\right)$$

der Kurve bezeichnet. Die *„Geschwindigkeitskurve"*

$$\dot\gamma: (a,b) \to TM$$

ist dann eine differenzierbare Kurve in TM, auf die wir dieselbe Notation wieder anwenden können:

$$\ddot\gamma: (a,b) \to TTM$$

ist die Geschwindigkeitskurve von $\dot\gamma$, wobei TTM das Tangentialbündel des Totalraums TM des Tangentialbündels von M bezeichnet.

(11.2) Definition. Eine *Differentialgleichung zweiter Ordnung* auf einer Mannigfaltigkeit M ist ein Vektorfeld ξ auf TM mit der Eigenschaft, daß jede Lösungskurve β von ξ die Geschwindigkeitskurve ihrer Projektion auf M ist, d.h. $\beta = \dot\gamma$ für $\gamma = \pi \circ \beta$.

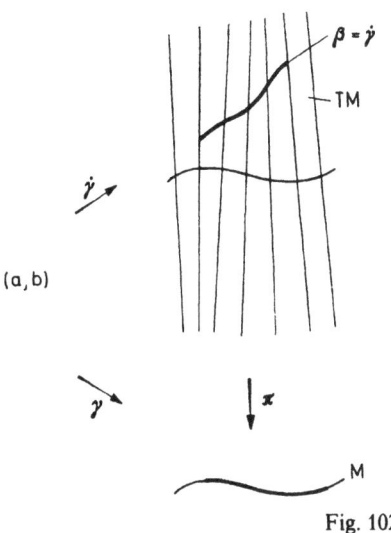

Fig. 102

(11.3) Definition. Eine Kurve $\gamma:(a,b)\to M$ heißt *Lösungskurve* der DGL 2. Ordnung ξ auf M, wenn $\dot\gamma$ Lösungskurve von ξ auf TM ist, d.h. wenn für alle t $\ddot\gamma(t) = \xi(\dot\gamma(t))$ gilt.

Da sich die Lösungskurven von ξ auf TM und auf M wechselseitig auseinander ergeben:
$$\gamma = \pi \circ \beta, \quad \beta = \dot\gamma,$$
so können wir sie als zwei Betrachtungsweisen ein und derselben Sache ansehen.

Die Definition einer DGL 2. Ordnung auf M als eines Vektorfeldes auf TM entspricht genau dem aus der Infinitesimalrechnung geläufigen Verfahren, eine DGL 2. Ordnung
$$y'' = f(y, y')$$
als das System 1. Ordnung
$$y' = z$$
$$z' = f(y, z)$$
aufzufassen.

*

(11.4) Schreibweise. Ist ξ eine DGL 2. Ordnung auf M, so werde für jedes $v \in TM$ die zugehörige maximale Lösungskurve von ξ in TM mit β_v, ihre Projektion $\pi \circ \beta_v$ auf M mit γ_v bezeichnet.

Für $v \in T_x M$ ist also $\gamma_v : (a_v, b_v) \to M$ die maximale Lösungskurve von ξ in M mit $\gamma_v(0) = x$ und $\dot{\gamma}_v(0) = v$.

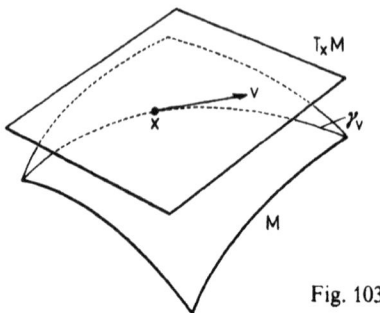

Fig. 103

Solche Kurve $t \mapsto \gamma_v(t)$ soll der Ersatz für die Gerade $t \mapsto x + tv$ in $\mathbb{R}^n$ werden. Damit solch ein Ersatz aber geometrisch brauchbar ist wird man zumindest fordern, daß γ_v und γ_{sv} sich nur in der Durchlaufungsgeschwindigkeit unterscheiden, und nicht etwa wie in der Ballistik zu gleicher Richtung und verschiedener Größe der Anfangsgeschwindigkeit verschiedene Lösungskurven gehören.

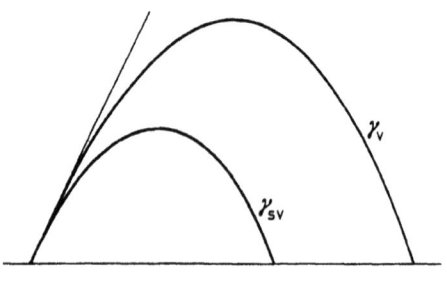

Fig. 104

(11.5) Definition. Eine DGL 2. Ordnung ξ auf M heißt ein *Spray*, wenn für $s, t \in \mathbb{R}$, $v \in TM$ die Zahl t genau dann dem Definitionsbereich von γ_{sv} angehört, wenn st dem Definitionsbereich von γ_v angehört und in diesem Falle gilt:

$$\gamma_{sv}(t) = \gamma_v(st).$$

(11.6) Satz von der Existenz der Sprays. *Auf jeder Mannigfaltigkeit gibt es einen Spray.*

Beweis. Die Bedingungen an ein Vektorfeld ξ auf TM eine DGL 2. Ordnung und ein Spray zu sein, haben wir bisher als Bedingungen an die Lösungskurven formuliert. Was bedeuten sie für ξ direkt?

Behauptung 1: *Ein Vektorfeld ξ auf TM ist genau dann eine DGL 2. Ordnung, wenn $T\pi \circ \xi = \mathrm{Id}_{TM}$ gilt:*

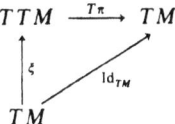

Ist nämlich ξ eine DGL 2. Ordnung und $v \in TM$, β_v die Lösungskurve zu v in TM und $\gamma_v := \pi \circ \beta_v$ die in M, so gilt

$$T\pi \circ \xi(v) = T\pi(\dot\beta_v(0)) = \dot\gamma_v(0) = \beta_v(0) = v.$$

Also ist $T\pi \circ \xi = \mathrm{Id}$ für DGLn 2. Ordnung. Ist umgekehrt ξ ein Vektorfeld mit $T\pi \circ \xi = \mathrm{Id}$, so gilt für die Flußlinien β:

$$\beta(t) = T\pi \circ \xi(\beta(t)) = T\pi(\dot\beta(t)) = \dot\gamma(t),$$

also ist ξ eine DGL 2. Ordnung. Damit ist die Behauptung 1 bewiesen.

Behauptung 2: *Eine DGL 2. Ordnung ξ auf M ist genau dann ein Spray, wenn für alle $s \in \mathbb{R}$ und $v \in TM$ gilt:*

$$\xi(sv) = Ts(s\xi(v)),$$

wobei $Ts: TTM \to TTM$ *das Differential der Multiplikation mit* s,

$$s: TM \to TM$$

bezeichnet.

Ist nämlich ξ ein Spray, so gilt für festes $s \in \mathbb{R}$ und $v \in TM$ für alle t in einer Umgebung der Null:

$$\gamma_{sv}(t) = \gamma_v(st) \Rightarrow \dot\gamma_{sv}(t) = s\dot\gamma_v(st) \Rightarrow \beta_{sv}(t) = s\beta_v(st) \Rightarrow \dot\beta_{sv}(t) = Ts(s\dot\beta_v(st)).$$

Daraus folgt für $t=0$:

$$\xi(sv) = Ts(s\xi(v)),$$

also die behauptete Gleichung. Sei umgekehrt ξ eine DGL 2. Ordnung, die diese Gleichung erfüllt. Sei

$$\gamma_v : (a_v, b_v) \to M$$

die maximale Lösungskurve in M mit Anfangsgeschwindigkeit v. Wir zeigen zuerst, daß durch
$$\alpha(t) := \gamma_v(st)$$
eine Lösungskurve zur Anfangsgeschwindigkeit sv gegeben ist. Dazu bestimmen wir
$$\dot\alpha(0) = s\dot\gamma_v(0) = s\beta_v(0) = sv,$$
das ist der richtige Anfangswert, und ferner
$$\dot\alpha(t) = s\dot\gamma_v(st), \quad \text{also } \ddot\alpha(t) = Ts(s\ddot\gamma_v(st)) = Ts(s\xi(\dot\gamma_v(st)),$$
dies letztere ist aber nach der vorausgesetzten Formel gerade
$$= \xi(s\dot\gamma_v(st)) = \xi(\dot\alpha(t)); \quad \text{also } \ddot\alpha(t) = \xi(\dot\alpha(t)),$$
also ist α Lösungskurve zur Anfangsgeschwindigkeit sv. Also ist für alle t, für die $\gamma_v(st)$ erklärt ist, auch $\gamma_{sv}(t)$ erklärt und $\gamma_v(st) = \gamma_{sv}(t)$. Fehlt nur noch zu zeigen, daß wenn $\gamma_{sv}(t)$ erklärt ist, auch $\gamma_v(st)$ erklärt ist. Für $s \neq 0$ folgt das durch Anwenden obigen Arguments auf $1/s$ statt s; für $s = 0$ ist es sowieso klar, weil jede Lösungskurve an der Stelle Null erklärt ist. Damit ist nun auch die 2. Behauptung bewiesen.

*

Wenden wir uns nun zur Konstruktion eines Sprays auf einer gegebenen Mannigfaltigkeit M. Die Bedingungen aus den Behauptungen 1 und 2, also
$$T\pi \circ \xi = \text{Id}_{TM} \quad \text{und} \quad \xi(sv) = Ts(s\xi(v)) \quad \text{für alle } s, v,$$
die ξ erfüllen muß, sind Bedingungen an die Einschränkungen $\xi|T_xM$, die für jedes $x \in M$ erfüllt sein müssen

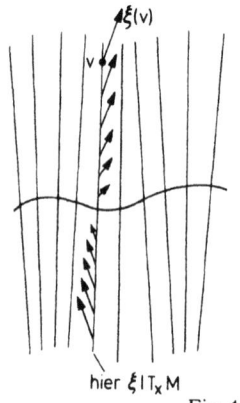

Fig. 105

und zwar sind es offenbar „konvexe" Bedingungen in dem Sinne, daß mit zwei Schnitten ξ_1 und ξ_2 von $TTM|T_xM$ auch alle $(1-\lambda)\xi_1 + \lambda\xi_2$ die Bedingungen erfüllen. Deshalb genügt es zu zeigen, daß jeder Punkt in M eine Umgebung U hat, auf der es einen Spray gibt, denn wir können solche lokalen Sprays dann mit einer Zerlegung der Eins zu einem globalen Spray auf M zusammenkleben.

*

Für das lokale Problem sind wir berechtigt, U als offene Teilmenge des $\mathbb{R}^n$ anzusehen. Wir können dann schreiben

$$TU = U \times \mathbb{R}^n,$$
$$TTU = U \times \mathbb{R}^n \times \mathbb{R}^n \times \mathbb{R}^n,$$

was so aufzufassen ist, daß die Geschwindigkeitskurve einer Kurve

$$t \mapsto (x(t), v(t)) \in TU = U \times \mathbb{R}^n$$

durch

$$t \mapsto \left(x(t), v(t), \frac{dx}{dt}(t), \frac{dv}{dt}(t) \right)$$

gegeben ist. Da $\pi: TU \to U$ durch $(x,v) \mapsto x$ gegeben ist, ist also

$$T\pi: TTU \to TU \quad \text{durch}$$
$$(x, v, w, b) \mapsto (x, w)$$

gegeben; und das Differential der Multiplikation mit s schreibt sich

$$Ts: TTU \to TTU$$
$$(x, v, w, b) \mapsto (x, sv, w, sb).$$

Eine DGL 2. Ordnung ist deshalb ein Schnitt

$$\xi: TU \to TTU$$

von der Form $(x,v) = (x,v,v,\psi(x,v))$ (übersetzt in die gewöhnliche Terminologie der Infinitesimalrechnung wäre das die Differentialgleichung $y'' = \psi(y, y')$), und eine solche DGL ist ein Spray, wenn stets $\psi(x, sv) = s^2 \psi(x,v)$ erfüllt ist.

Wenn, wie in unserem Falle, an den Spray keine weiteren Bedingungen gestellt zu werden brauchen, haben wir z.B. in

$$\xi: TU \to TTU$$
$$(x,v) \mapsto (x,v,v,0)$$

einen Spray auf U gefunden:

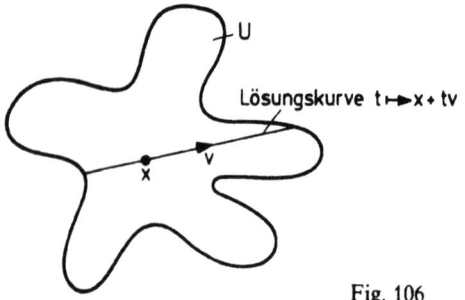

Fig. 106

womit also auch der Satz (11.6) bewiesen ist. □

(11.7) Aufgaben

1. Sei (E, π, M) ein differenzierbares Vektorraumbündel. Schränkt man $T\pi: TE \to TM$ auf $TE|M$ (M = Nullschnitt!) ein, so hat man einen Bündelhomomorphismus
$$TE|M \to TM.$$
Man zeige: Dieser Bündelhomomorphismus ist surjektiv und das Teilbündel $E \subset TE|M$ ist sein Kern.

2. Sei (E, π, M) ein differenzierbares Vektorraumbündel. Man beweise: $TE \cong \pi^*E \oplus \pi^*TM$.

3. Man gebe ein nichttriviales differenzierbares Vektorraumbündel E an, dessen Tangentialbündel TE trivial ist.

4. Sei M eine zusammenhängende Mannigfaltigkeit. Man zeige: Es gibt eine differenzierbare Kurve $\gamma: \mathbb{R} \to M$, so daß das Bild der Geschwindigkeitskurve
$$\dot\gamma: \mathbb{R} \to TM$$
dicht in TM liegt.

5. Man konstruiere für $M = S^1$ einen Spray, dessen maximale Lösungskurven nicht alle auf ganz $\mathbb{R}$ definiert sind.

6. Sei M eine Mannigfaltigkeit, $\dim M \geq 1$. Man beweise, daß nicht jede Kurve in M als Lösungskurve einer DGL 2. Ordnung vorkommen kann.

7. Man gebe auf S^n einen Spray als Vektorfeld auf $TS^n \subset S^n \times \mathbb{R}^{n+1}$ an, dessen Lösungskurven die Großkreise sind.

§ 12. Exponentialabbildung und Tubenumgebungen

(12.1) Bemerkung. Sei ξ ein Spray auf M. Dann ist die Menge

$$\mathcal{O}_\xi := \{v \in TM \mid \gamma_v(1) \text{ ist erklärt}\}$$

eine offene Umgebung des Nullschnitts in TM.

Beweis. Bezeichnen wir den maximalen Fluß auf TM, dessen Geschwindigkeitsfeld ξ ist, mit Φ und ist $A \subset \mathbb{R} \times TM$ sein Definitionsbereich, so ist

$$\mathcal{O}_\xi = \{v \in TM \mid (1, v) \in A\},$$

(vgl. (8.11)) also offen, weil A offen ist. Ferner folgt aus $\xi(sv) = Ts(s\xi(v))$, indem man $s=0$ setzt, daß ξ auf dem Nullschnitt verschwindet, also sind die Flußlinien der Punkte des Nullschnitts (als Fixpunkte) auf ganz $\mathbb{R}$, insbesondere für $t=1$ definiert. Also enthält $\mathcal{O}_\xi$ den Nullschnitt. □

(12.2) Definition. Ist ξ ein Spray auf M, so heißt die Abbildung

$$\exp_\xi \colon \mathcal{O}_\xi \to M$$
$$v \mapsto \gamma_v(1)$$

die *Exponentialabbildung* von ξ.

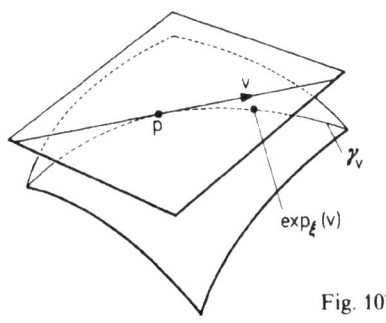

Fig. 107

Offenbar ist $\exp_\xi$ eine differenzierbare Abbildung, denn ist Φ der Fluß zu ξ, so ist $\exp_\xi$ durch $v \mapsto \pi \circ \Phi(1,v)$ gegeben. Wir wollen jetzt das Differential

$$T_p \exp_\xi : T_p TM \to T_p M$$

von $\exp_\xi$ an den Punkten des Nullschnittes $M \subset TM$ bestimmen. (Weil $\mathcal{O}_\xi$ offen in TM ist $T_p \mathcal{O}_\xi = T_p TM$.)

Dazu zunächst eine Vereinbarung über eine Schreibweise. Ist E ein differenzierbares Vektorraumbündel über M und $p \in M$ ein Punkt des Nullschnittes, so hat $T_p E$ zwei ausgezeichnete Teilräume: $T_p E_p$ und $T_p M$;

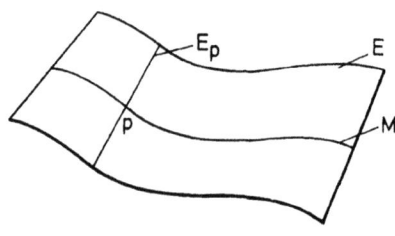

Fig. 108

denn E_p und M (= Nullschnitt) sind ja Untermannigfaltigkeiten von E, die durch p gehen. Jede Bündelkarte belehrt uns darüber, daß $T_p E$ in der Tat die direkte Summe von $T_p E_p$ und $T_p M$ ist, und da $T_p E_p$ kanonisch zu E_p isomorph ist, haben wir $T_p E = E_p \oplus T_p M$ für jedes $p \in M$, und global $TE|M = E \oplus TM$.

(12.3) Schreibweise. Ist E ein differenzierbares Vektorraumbündel über M, so wollen wir bei der kanonischen Isomorphie

$$TE|M = E \oplus TM$$

an dieser Reihenfolge der Summanden festhalten, damit auch im Falle

$$TTM|M = TM \oplus TM$$

kein Zweifel über die Bedeutung der Summanden besteht.

(12.4) Bemerkung. Das Differential $T\exp_\xi : TTM \to TM$, eingeschränkt auf $TTM|M = TM \oplus TM$, ist

$$(\mathrm{Id}, \mathrm{Id}): TM \oplus TM \to TM,$$

das Differential der Projektion $\pi : TM \to M$, gleichermaßen eingeschränkt, ist

$$(0, \mathrm{Id}): TM \oplus TM \to TM.$$

Beweis. Beide Abbildungen, $\exp_\xi$ und π, sind auf dem Nullschnitt M die Identität, woraus sich sofort ergibt, daß ihre Differentiale auf dem zweiten Summanden von $TM \oplus TM$ die Identität sind.

Ist nun v ein Vektor aus dem ersten Summanden, so ist v Geschwindigkeitsvektor der Kurve $t \to tv$ in TM bzw. $\mathcal{O}_\xi$, an der Stelle $t=0$.

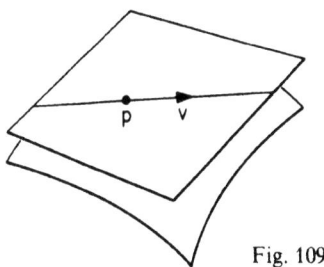

Fig. 109

Die Bildkurve unter der Projektion ist konstant, also $T\pi(v)=0$. Die Bildkurve unter der Exponentialabbildung ist jedoch $t \to \exp_\xi(tv) = \gamma_{tv}(1) = \gamma_v(t)$, also $T\exp_\xi(v) = \dot{\gamma}_v(0) = v$. □

(12.5) Korollar. *Das Differential der Abbildung* $(\pi, \exp_\xi): \mathcal{O}_\xi \to M \times M$

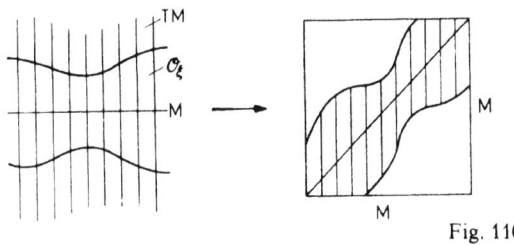

Fig. 110

ist am Nullschnitt durch

$$\begin{array}{|c|c|} \hline 0 & \mathrm{Id} \\ \hline \mathrm{Id} & \mathrm{Id} \\ \hline \end{array} : T_p M \oplus T_p M \to T_p M \oplus T_p M = T_{(p,p)} M \times M$$

gegeben; insbesondere hat die Abbildung am Nullschnitt vollen Rang. □

Abbildungen dieser Art werden uns in diesem Paragraphen noch mehr beschäftigen. Eine wichtige geometrische Konsequenz der Eigenschaft, am Nullschnitt den vollen Rang zu haben, wird im folgenden Lemma formuliert.

(12.6) Lemma. *Sei M eine n-dimensionale Mannigfaltigkeit, (E, π, X) ein differenzierbares Vektorraumbündel mit n-dimensionalem Totalraum E, sei U eine offene Umgebung des Nullschnittes in E*

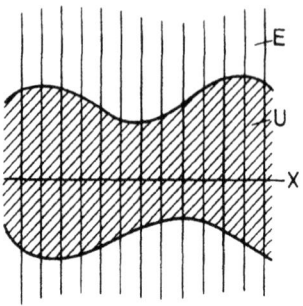

Fig. 111

und $f: U \to M$ eine differenzierbare Abbildung, die am Nullschnitt vollen Rang hat und außerdem den Nullschnitt X in M einbettet. Dann gibt es eine offene Umgebung U_0 des Nullschnitts in U, so daß $f | U_0$ eine Einbettung, hier also ein Diffeomorphismus auf eine offene Umgebung von $f(X)$ in M ist.

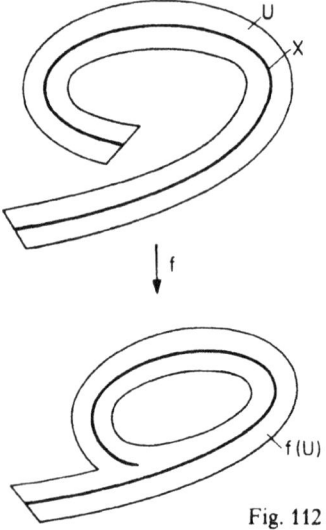

Fig. 112

Beweis. Wir dürfen annehmen, daß f überall auf U vollen Rang hat (5.3), dann ist $f: U \to f(U)$ offen und lokal homöomorph; wir dürfen $f(U) = M$ annehmen, und die Einbettung $f|X$ erlaubt uns, X als Teilmenge von M aufzufassen. Wir suchen dann lokal um $X \subset M$ eine Umkehrung der Abbildung $f: U \to M$. Wir berufen uns zum Beweis auf folgendes aus der Garbentheorie vertraute Lemma der allgemeinen Topologie (siehe Godement [1], S. 150):

(12.7) Schnitterweiterungs-Lemma. *Sei $f: U \to M$ lokal homöomorph. Jede Umgebung von $X \subset M$ enthalte eine parakompakte Umgebung (z.B. sei M metrisch), und sei $s: X \to U$ ein Schnitt von f, d.h. $f \circ s = \mathrm{Id}_X$. Dann existiert eine offene Umgebung W von X und eine Fortsetzung von s zu einem Schnitt $s: W \to U$, und $s(W) := U_0$ ist offen in U.*

Beweis von (12.7). Wähle eine Familie $\{V_\lambda\}_{\lambda \in \Lambda}$ offener Teilmengen von M, die X überdeckt, mit Schnitten $s_\lambda: V_\lambda \to U$ von f, so daß jeweils $s_\lambda | V_\lambda \cap X = s | V_\lambda \cap X$. Das ist möglich, weil f lokal homöomorph ist. Nun dürfen wir oBdA annehmen, daß $\{V_\lambda\}_{\lambda \in \Lambda}$ ganz M überdeckt und daß M parakompakt ist, und dann auch, daß diese Überdeckung lokal endlich ist und eine Verfeinerung $\{W_\lambda\}_{\lambda \in \Lambda}$ mit $\overline{W}_\lambda \subset V_\lambda$ besitzt (Schubert [8], I.8.6, Satz 2).

Jetzt setzen wir

$$W := \{x \in M \mid x \in \overline{W}_\lambda \cap \overline{W}_\mu \Rightarrow s_\lambda(x) = s_\mu(x)\}.$$

Dann ist offenbar $X \subset W$, und wir haben auf W eine stetige Erweiterung des Schnittes $s: X \to U$. Es bleibt also nur zu zeigen, daß W beziehungsweise $s(W)$ eine Umgebung von X ist.

Sei also $x \in X$. Wir wählen eine Umgebung Q von $s(x)$, die durch f homöomorph auf eine Umgebung von x abgebildet wird:

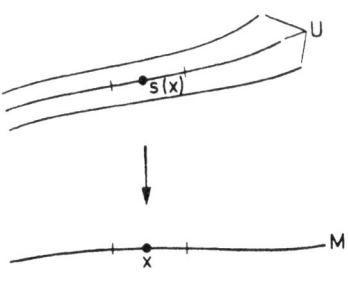

Fig. 113

Nun wählen wir eine Umgebung A von x in M so klein, daß
(i) $\qquad A \subset f(Q)$,
(ii) $\qquad A$ trifft nur endlich viele $\overline{W}_\lambda'$, etwa $\overline{W}_1', ..., \overline{W}_k'$,
(iii) $\qquad x \in \overline{W}_i'$, $\qquad i = 1, ..., k$,
(iv) $\qquad A \subset V_i$, $\qquad i = 1, ..., k$,
(v) $\qquad s_i(A) \subset Q$, $\qquad i = 1, ..., k$.

Dann ist $s_1|A = \cdots = s_k|A = (f|Q)^{-1}|A$; wegen (ii) ist also $A \subset W$. □

Damit ist (12.7) und zugleich (12.6) bewiesen. □

*

Bei diesem Beweis sind wir S. Lang [3] gefolgt. In der Literatur findet man sonst vielfach Beweise von (12.6), die ein etwas komplizierteres topologisches Argument benutzen, das sich nicht auf unendlichdimensionale Mannigfaltigkeiten verallgemeinern läßt. Auch schleicht sich gern an dieser Stelle folgende Behauptung ein (wir haben sie in vier Büchern angetroffen): Ist $f: U \to M$ lokal homöomorph, $A \subset U$ abgeschlossen, und $f|A: A \to f(A)$ injektiv, so läßt sich f zu einem Homöomorphismus einer Umgebung von A fortsetzen.
Gegenbeispiel: $U = (0,1) \times (0,1)$; $M = \mathbb{R}^2$, $A = (0,1) \times \frac{1}{2}$.

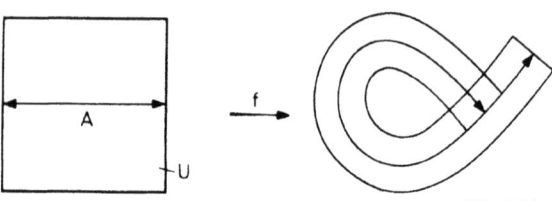

Fig. 114

Der Fehlschluß liegt in der Annahme, daß aufgrund der Voraussetzungen $f|A: A \to f(A)$ (lokal) homöomorph sei.
Nun wollen wir, um die Anwendung des Lemma (12.6) zu erleichtern, noch bemerken, daß in jeder vorgegebenen Umgebung des Nullschnittes auch eine „schöne" Umgebung des Nullschnittes enthalten ist.

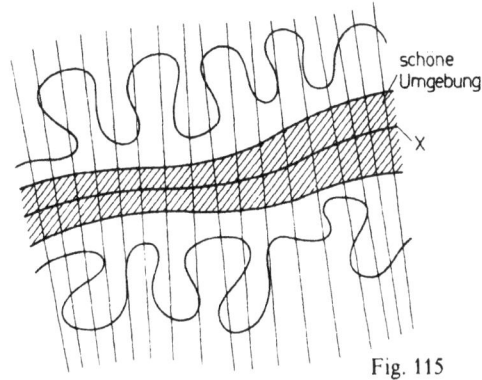

Fig. 115

(12.8) Bemerkung. Ist (E, π, X) ein differenzierbares Vektorraumbündel mit einer Riemannschen Metrik $\langle , \rangle$ und ist U eine Umgebung des Nullschnittes, dann gibt es eine differenzierbare überall positive Funktion $\varepsilon : X \to \mathbb{R}$, so daß die offene Umgebung
$$\varepsilon \mathring{D} E := \{v \in E \mid |v| < \varepsilon(\pi(v))\}$$
in U enthalten ist.

Beweis. Lokal ist das natürlich sogar immer mit konstantem ε möglich:

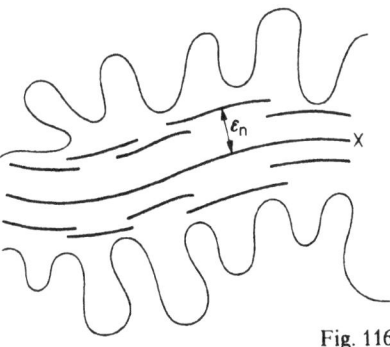

Fig. 116

Zu einer entsprechenden Überdeckung wählt man eine untergeordnete Partition der Eins $\{\tau_n \mid n \in \mathbb{N}\}$, und erhält ein globales ε von der Form $\varepsilon = \sum_{n \in \mathbb{N}} \varepsilon_n \cdot \tau_n$. □

Als eine erste Anwendung der Exponentialabbildung und des Lemmas (12.6) beweisen wir

(12.9) Satz. *Sei M eine Mannigfaltigkeit und Y ein topologischer Raum. Sind dann zwei stetige Abbildungen*
$$f, g: Y \to M$$
in der C^0-Topologie (analog (7.8)) genügend nahe benachbart, so sind sie homotop, d. h. es gibt eine stetige Abbildung $h: [0,1] \times Y \to M$ mit $h(0,y) = f(y)$ und $h(1,y) = g(y)$ für alle $y \in Y$.

Beweis. Wir wählen einen Spray auf M und eine Riemannsche Metrik für TM. Dann wählen wir zur Exponentialabbildung
$$\exp: \mathcal{O} \to M$$
des Sprays eine positive Funktion ε, so daß $\varepsilon \mathring{D} TM \subset \mathcal{O}$, die zudem so klein ist, daß
$$(\pi, \exp) \mid \varepsilon \mathring{D} TM$$
ein Diffeomorphismus auf eine offene Umgebung U der Diagonalen Δ_M in $M \times M$ ist. Dies alles ist möglich nach (4.20), (11.6), (12.5), (12.6), (12.8).

Beachte, daß das Diagramm

$$\begin{array}{ccc} \varepsilon \mathring{D} TM & \xrightarrow{(\pi, \exp)} & U \subset M \times M \ni (p,q) \\ {\scriptstyle \pi} \downarrow & \downarrow & \downarrow \\ M & \longrightarrow & \Delta_M \quad (p,p) \end{array}$$

kommutativ ist, die Punkte $(\pi, \exp)^{-1}(p,q)$ liegen also alle in der Faser über p.

Sind nun $f, g: Y \to M$ in der C^0-Topologie (vgl. 7.8) genügend nahe benachbart, so muß $(f(y), g(y))$ für alle $y \in Y$ in U liegen (nämlich nahe bei $(f(y), f(y)) \in \Delta_M$).

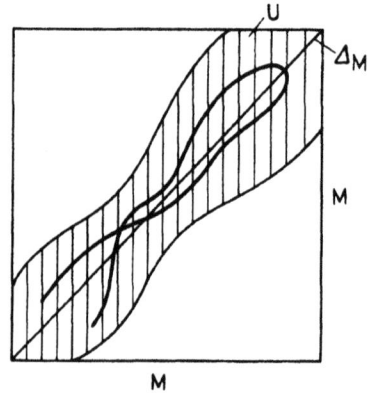

Fig. 117

Dann haben wir jedoch durch

$$h(t,y) := \exp\bigl(t((\pi,\exp) \mid \varepsilon \mathring{D} T M)^{-1}(f(y),g(y))\bigr)$$

die gewünschte Homotopie gefunden:

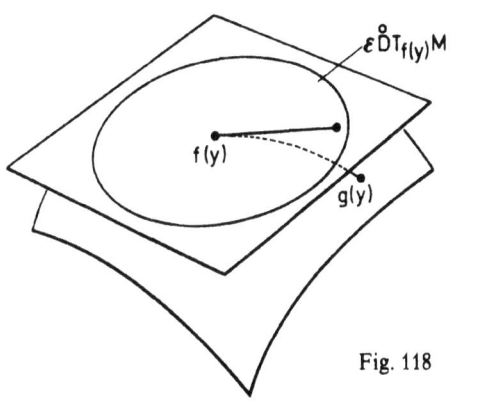

Fig. 118

□

Nun wollen wir uns den Tubenumgebungen zuwenden.
Beim Studium von Untermannigfaltigkeiten $X \subset M$ hat man oft mit Problemen zu tun, die zwar nicht lokal sind, so daß man sie mittels einer Karte als Problem im $\mathbb{R}^n$ auffassen könnte, die aber auch nicht die ganze große Mannigfaltigkeit M betreffen, sondern nur die Betrachtung einer Umgebung der Untermannigfaltigkeit X erfordern. Für solche Betrachtungen ist es dann sehr nützlich zu wissen, daß die „Lage" von X in einer solchen Umgebung „genau so" ist wie die Lage von X als Nullschnitt in seinem Normalbündel. Die folgende Definition präzisiert dies:

(12.10) Definition. Ist $X \subset M$ eine Untermannigfaltigkeit, so versteht man unter einer *Tubenabbildung* für X eine Einbettung

$$\tau : \perp X \to M$$

des Normalbündels $\perp X$ von X in M, die auf X die Inklusion $X \subset M$ ist und deren Differential am Nullschnitt die Identität $\perp X \to \perp X$ induziert.

Das Differential von τ, eingeschränkt auf $(T \perp X)|X$, ist ein Bündelhomomorphismus

$$\perp X \oplus TX \to TM|X$$

(vgl. 12.3), weil τ auf X die Inklusion ist. Die in der Definition letztgenannte Bedingung bezieht sich auf die Zusammensetzung

$$\bot X \oplus 0 \xrightarrow{T\tau} TM|X \xrightarrow{\text{Proj.}} \bot X = (TM|X)/TX.$$

*

(12.11) Satz von der Existenz der Tubenabbildungen. *Zu jeder Untermannigfaltigkeit gibt es eine Tubenabbildung.*

Beweis. Sei $X \subset M$ eine Untermannigfaltigkeit. Wir wählen ein Spray auf M mit Exponentialabbildung $\exp: \mathcal{O} \to M$, und wählen eine Riemannsche Metrik $\langle , \rangle$ für TM. Vermöge der kanonischen Isomorphie $\bot X = (TX)^\bot$ fassen wir $\bot X$ als Teilbündel von $TM|X$ auf. Dann ist auf der Umgebung

$$U := \mathcal{O} \cap \bot X$$

des Nullschnittes in $\bot X$ durch die Exponentialabbildung eine Abbildung

$$U \to M$$

gegeben, die auf X die Inklusion $X \subset M$ ist. Da das Differential der Exponentialabbildung, eingeschränkt auf $TTM|M$ gerade $(\text{Id}, \text{Id}): TM \oplus TM \to TM$ ist (12.4), so ist das Differential von $\exp|U: U \to M$, eingeschränkt auf $(T \bot X)|X = \bot X \oplus TX$ gerade die Identität

$$\bot X \oplus TX \xrightarrow{\cong} TM|X,$$

woraus wir zweierlei schließen: Erstens hat das Differential am Nullschnitt den vollen Rang und erfüllt also die Voraussetzungen von (12.6), und zweitens induziert es die Identität $\bot X \to \bot X$.

Nun wählen wir eine positive Funktion ε auf X so klein, daß $\varepsilon \mathring{D} \bot X \subset U$ und $\exp|\varepsilon \mathring{D} \bot X$ eine Einbettung ist ((12.6), (12.8)).

Schließlich wählen wir einen Diffeomorphismus

$$\bot X \xrightarrow{\cong} \varepsilon \mathring{D} \bot X,$$

der auf $(\varepsilon/2) \cdot \mathring{D} \bot X$ die Identität ist (vgl. die für (10.4) verwendete Technik). Dann ist offenbar die Zusammensetzung

$$\bot X \longrightarrow \varepsilon \mathring{D} \bot X \xrightarrow{\exp} M$$

eine Tubenabbildung. □

(12.12) Definition. Ist $\tau: \bot X \to M$ eine Tubenabbildung für $X \subset M$ und ist $\bot X$ mit einer Riemannschen Metrik $\langle , \rangle$ versehen, dann heißt die Umgebung

$$\tau(D \bot X)$$

von X in M eine *Tubenumgebung* von X. Die Tubenabbildung τ versieht die Tubenumgebung also mit der Struktur eines „*Disk-Bündels*", so daß man bei gegebener Tubenabbildung auch von den *Fasern* und der *Projektion*

spricht
$$\text{Tubenumgebung} \to X$$

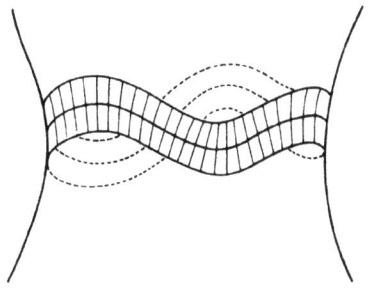

Fig. 119

Für manche Konstruktionen, die von all dieser Struktur Gebrauch machen, ist es wichtig zu wissen, inwieweit die Konstruktion von der Wahl der Tubenumgebung abhängig ist. Hierfür hat man den folgenden Eindeutigkeitssatz, mit dem wir diesen Paragraphen beschließen wollen:

(12.13) Eindeutigkeitssatz für Tubenumgebungen kompakter Untermannigfaltigkeiten. *Sei X eine kompakte Untermannigfaltigkeit einer Mannigfaltigkeit M, seien $\tau_0, \tau_1 : \perp X \to M$ Tubenabbildungen und $\langle , \rangle_0$ und $\langle , \rangle_1$ Riemannsche Metriken für $\perp X$, und seien schließlich $U_0 := \tau_0(D_0 \perp X)$ und $U_1 := \tau_1(D_1 \perp X)$ die zugehörigen Tubenumgebungen von X. Dann gibt es eine Diffeotopie H von M, die X festläßt, so daß H_1 die Tubenumgebung U_0 fasertreu auf U_1 abbildet.*
Ferner kann H sogar so gewählt werden, daß alle Punkte außerhalb einer kompakten Teilmenge von M ebenfalls festbleiben und daß für jedes $p \in X$ und jedes t durch $T_p H_t$ die Identität $\perp_p X \to \perp_p X$ induziert wird.

Beweis. Offenbar genügt es, den Satz für die beiden Spezialfälle

(a) $\tau_0 = \tau_1 =: \tau$ und
(b) $\langle , \rangle_0 = \langle , \rangle_1 := \langle , \rangle$

zu beweisen.

Zu (a): Wir brauchen nur eine fasertreue Isotopie h der Identität auf $\perp X$ zu finden, die eine Umgebung des Nullschnitts festläßt und deren h_1 das Disk-Bündel $D_0 \perp X = \{v \in \perp X \mid |v|_0 \leq 1\}$ auf $D_1 \perp X$ abbildet, denn dann können wir die durch
$$\tau \circ h_t$$

gegebene Isotopie von $\tau|D_0\perp X$ in eine Diffeotopie H mit den gewünschten Eigenschaften einbetten (vgl. 10.9).

OBdA dürfen wir $|v|_0 \leq |v|_1$ für alle $v\in \perp X$ voraussetzen. Ist $\varphi: \mathbb{R} \to [0,1]$ eine C^∞-Funktion der Art

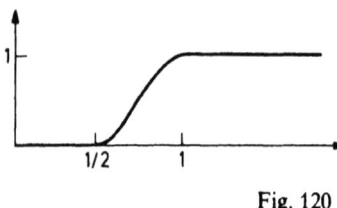

Fig. 120

(vgl. § 7), dann ist durch

$$h(t,v) := \left[\varphi(t|v|_0)\frac{|v|_1}{|v|_0} + (1-\varphi(t|v|_0))\right]v$$

(und natürlich $h(t,0)=0$) eine Isotopie der gesuchten Art gegeben. Damit ist Fall (a) bewiesen.

Zu (b): Hier genügt es eine Isotopie τ zwischen τ_0 und τ_1 zu finden, so daß jedes τ_t eine Tubenabbildung ist. Die Metrik von $\perp X$ können wir vergessen. Stattdessen wählen wir aber eine Metrik $\langle\,,\rangle$ für TM und einen Spray auf M und ein $\varepsilon > 0$, so daß

$$(\pi,\exp): \varepsilon \mathring{D}(TM|X) \to X \times M$$

eine Einbettung ist.

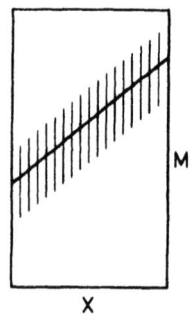

Fig. 121

Nun müssen wir virtuos von der Möglichkeit Gebrauch machen, ein differenzierbares Vektorraumbündel schrumpfen zu lassen: Es gibt immer eine fasertreue Isotopie der Identität, die eine Umgebung des Nullschnittes festläßt und deren End-Einbettung das ganze Bündel in eine vorgegebene Umgebung des Nullschnittes abbildet.

Diese Möglichkeit für $\perp X$ bedenkend erkennen wir, daß wir τ_0 und τ_1 schon als so „klein" annehmen dürfen, daß $(\pi, \tau_0)(\perp X)$ und $(\pi, \tau_1)(\perp X) \subset X \times M$ in $(\pi, \exp)(\frac{1}{2}\varepsilon \overset{\circ}{D}(TM|X))$ enthalten sind, so daß wir durch

$$\tau_0' := (\pi, \exp)^{-1}(\pi, \tau_0)$$

und

$$\tau_1' := (\pi, \exp)^{-1}(\pi, \tau_1)$$

zwei fasertreue Abbildungen

$$\perp X \to TM|X$$

vor uns haben, die bei Zusammensetzung mit der Exponentialabbildung in τ_0 und τ_1 übergehen.

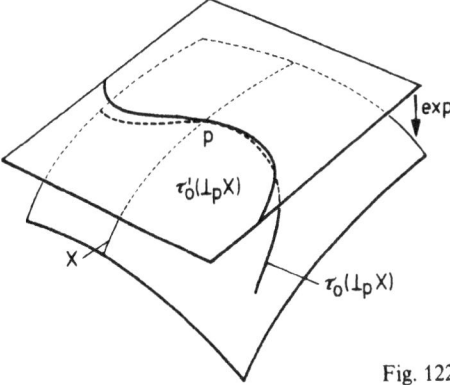

Fig. 122

Es genügt nun zu zeigen, daß τ_0' und τ_1' durch eine fasertreue Isotopie τ' ineinander überführbar sind, die den Nullschnitt festläßt, für jedes p und t durch $T\tau_p'$ die Identität von $\perp_p X$ induziert und die sich ganz in $\varepsilon \overset{\circ}{D}TM|X$ abspielt; $\tau := \exp \circ \tau'$ leistete uns dann den gewünschten Dienst.

Die Bedingung, τ' solle sich in $\varepsilon \overset{\circ}{D}TM|X$ abspielen, können wir jedoch fallen lassen: Geht es in $TM|X$ überhaupt, dann geht es (Schrumpfungsargument) auch in $\varepsilon \overset{\circ}{D}TM|X$.

Nachdem wir somit ganz $TM|X$ zur Verfügung haben, können wir aber τ_0' und τ_1' durch die von ihren Differentialen am Nullschnitt gegebenen Bündelabbildungen

$$\tau_0'': \perp X \to TM|X$$
$$\tau_1'': \perp X \to TM|X$$

ersetzen. Dieses „Linearisieren" geht ganz genau so wie im Beweis von (10.3) mittels des Lemmas (2.3):

$$[0,1] \times \bot X \to TM|X$$

$$(t,v) \mapsto \begin{cases} \dfrac{\tau_0'(tv)}{t} & \text{für } t \neq 0 \\ T_p\tau_0'(v) & \text{für } t = 0 \end{cases}$$

ist die Isotopie zwischen τ_0' und τ_0'', die wir brauchen; analog für τ_1'.

τ_0'' und τ_1'' brauchen nun nicht etwa gleich zu sein, aber sie ergeben beide bei Zusammensetzung mit der Projektion

$$\bot X \xrightarrow{\tau_i''} TM|X \xrightarrow{\text{Proj.}} (TM|X)/TX = \bot X, \quad i = 0,1,$$

die Identität auf $\bot X$, und deshalb ist das auch für jedes

$$(1-t)\tau_0'' + t\tau_1''$$

der Fall, und so liefert uns

$$\tau'' : [0,1] \times \bot X \to TM|X$$
$$(t,v) \mapsto (1-t)\tau_0''(v) + t\tau_1''(v)$$

die schließlich noch fehlende Isotopie mit den gewünschten Eigenschaften. □

(12.14) Aufgaben

1. Sei $X \subset M$ eine Untermannigfaltigkeit, deren Normalbündel $\bot X$ einen überall von Null verschiedenen Schnitt besitzt. Man zeige: Die Inklusion $X \subset M$ ist zu einer zu X disjunkten Einbettung isotop.

2. Man zeige, daß zwei disjunkte abgeschlossene Untermannigfaltigkeiten von M auch disjunkte Tubenumgebungen besitzen.

3. Sei X eine kompakte Untermannigfaltigkeit von M. Man zeige: Ist $M-X$ zusammenhängend, dann auch das Komplement einer jeden Tubenumgebung von X in M.

4. Sei M eine zusammenhängende Mannigfaltigkeit und $X \subset M$ eine 1-kodimensionale zusammenhängende Untermannigfaltigkeit. X liege „einseitig" in M, d. h. das Normalbündel $\bot X$ sei nicht trivial. Man zeige, daß $M-X$ zusammenhängend ist.

5. Sei M eine Mannigfaltigkeit. Man zeige: Eine zusammenhängende Teilmenge $X \subset M$ ist genau dann eine Untermannigfaltigkeit, wenn es eine offene Umgebung U von X und eine differenzierbare Abbildung $f: U \to U$ mit $f \circ f = f$ und $f(U) = X$ gibt.

6. Sei X eine abgeschlossene Untermannigfaltigkeit in M mit Kodimension k und trivialem Normalbündel. Man zeige, daß es eine differenzierbare Abbildung
$$f: M \to S^k$$
gibt, so daß X Urbild eines regulären Wertes von f ist.

7. Sei (E, π, M) ein differenzierbares Vektorraumbündel. Dann ist die Menge $P(E)$ der 1-dimensionalen Teilräume der Fasern in kanonischer Weise eine Mannigfaltigkeit und wir haben über $P(E)$ ein kanonisches differenzierbares Linienbündel
$$\eta(E) \to P(E),$$
dessen Faser über einem Punkt $p = V \subset E_x$ von $P(E)$ eben gerade $\{p\} \times V$ ist, und offenbar haben wir eine kanonische lineare Abbildung von Vektorbündeln $\eta(E) \to E$ (man sagt, $\eta(E)$ entstehe aus E durch „Aufblasen" des Nullschnittes).
Man zeige: Durch die kanonische Abbildung $\eta(E) \to E$ ist ein Diffeomorphismus
$$\eta(E) - \text{Nullschnitt} \xrightarrow{\cong} E - \text{Nullschnitt}$$
gegeben.

8. Sei $X \subset M$ eine kompakte Untermannigfaltigkeit und τ eine Tubenabbildung für X. Man zeige, daß es genau eine differenzierbare Struktur auf $(M - X) \cup P(\perp X) =: M_X$ gibt, für die die beiden folgenden Abbildungen (i) und (ii) Einbettungen sind:

(i) $M - X \subset M_X$

(ii) $\eta(\perp X) \to M_X$

$$v \mapsto \begin{cases} v & \text{für } v \in P(\perp X) = \text{Nullschnitt von } \eta(\perp X) \\ \tau(\varphi(v)) & \text{für } v \in \eta(\perp X) - \{\text{Nullschnitt}\}, \end{cases}$$

wobei $\varphi: \eta(\perp X) \to \perp X$ die kanonische Abbildung ist. Man zeige, daß die differenzierbare Struktur von M_X nicht von der Wahl der Tubenabbildung abhängt. (Man sagt, die differenzierbare Mannigfaltigkeit M_X entsteht aus M durch „Aufblasen" von X.)

9. Man zeige, daß das Aufblasen 1-kodimensionaler Untermannigfaltigkeiten keinen Effekt hat.

10. Man zeige, daß durch Aufblasen eines Punktes in S^n der projektive Raum $\mathbb{R}P^n$ entsteht. (Allgemein: Aufblasen eines Punktes von M^n ist bis auf Diffeomorphie dasselbe wie Übergang zu $M \# \mathbb{R}P^n$.)

11. Man konstruiere eine nicht leere n-dimensionale Mannigfaltigkeit M, $n \geq 2$, bei der das Aufblasen eines Punktes den Diffeomorphietyp nicht ändert.

§ 13. Berandete Mannigfaltigkeiten

Die Mannigfaltigkeiten, lokal nach dem euklidischen Raum modelliert, sind nicht die einzigen geometrisch interessanten Objekte, die man sich überhaupt denken kann. Jedoch kann man die bisher entwickelte Theorie nicht ohne weiteres auf andere lokale Modelle als den euklidischen Raum gründen, wenn auch eine entsprechende Verallgemeinerung des Begriffs der Mannigfaltigkeit leicht zu definieren wäre: Die grundlegenden Methoden, die wir kennengelernt haben, beruhen nämlich auf der Möglichkeit, Analysis auf Mannigfaltigkeiten zu treiben (Differentialgleichungen, Umkehrfunktion, ...) und hier beruhen die wesentlichen lokalen Aussagen auf Eigenschaften des euklidischen Raumes.

*

Dennoch kann man viele Methoden aus der Theorie der Mannigfaltigkeiten auch auf Räume erweitern, die aus andern lokalen Modellen als dem euklidischen Raum aufgebaut sind, solange diese Räume oder lokalen Modelle sich nur hinreichend vernünftig aus Mannigfaltigkeiten zusammensetzen. Dies ist ein noch kaum erschlossenes Gebiet, wir sagen auch weiter kein Wort darüber und betrachten nur den klassischen und einfachsten Fall berandeter Mannigfaltigkeiten, welche lokal so aussehen wie der abgeschlossene euklidische Halbraum

$$\mathbb{R}^n_+ := \{x \in \mathbb{R}^n \mid x_n \geq 0\}.$$

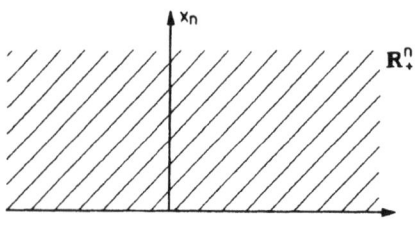

Fig. 123

Diese berandeten Mannigfaltigkeiten sind nicht nur als Verallgemeinerung, sondern auch als Hilfsmittel in der Theorie der „gewöhnlichen" Mannigfaltigkeiten von großer Bedeutung.

*

Da es, wie aus der Infinitesimalrechnung bekannt, einen Sinn hat, von auf offenen Teilmengen des $\mathbb{R}^n_+$ definierten C^∞-Abbildungen zu sprechen, ergeben sich keine Schwierigkeiten, wenn man in der Definition der differenzierbaren Mannigfaltigkeiten überall den $\mathbb{R}^n$ durch $\mathbb{R}^n_+$ ersetzt. Da wir aber noch mehrmals diese Analogie anrufen werden, wollen wir beim ersten Mal die Definition ausführlich hinschreiben:

(13.1) Definition. Eine *topologische n-dimensionale berandete Mannigfaltigkeit*, ist ein Hausdorffraum M mit abzählbarer Basis der Topologie, der lokal zu $\mathbb{R}^n_+$ homöomorph ist. Ein Atlas aus lokalen Karten

$$h: U \to U'$$

(U offen in M, U' offen in $\mathbb{R}^n_+$, h Homöomorphismus) heißt *differenzierbar*, wenn alle Kartenwechsel differenzierbar sind; und eine *n-dimensionale differenzierbare berandete Mannigfaltigkeit* ist ein Paar, bestehend aus einer topologischen n-dimensionalen berandeten Mannigfaltigkeit M und einen maximalen differenzierbaren Atlas $\mathfrak{D}$ für M.

*

Aus dem Rangsatz ergibt sich zum Beispiel leicht

(13.2) Notiz. Ist M eine (gewöhnliche) Mannigfaltigkeit und $a \in \mathbb{R}$ ein regulärer Wert von $f: M \to \mathbb{R}$, dann ist $f^{-1}((-\infty, a])$ in kanonischer Weise eine berandete Mannigfaltigkeit.

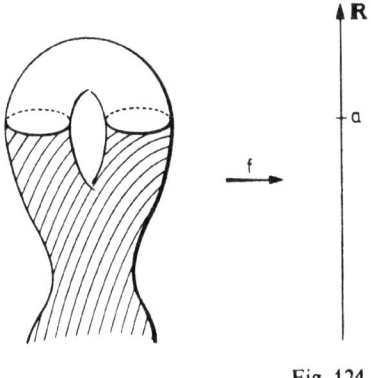

Fig. 124

Um einen Punkt $p\in f^{-1}(a)$ kann man nämlich $a-f$ als letzte Koordinate einer Karte wählen.

In dieser Weise treten uns viele Beispiele berandeter Mannigfaltigkeiten entgegen, z. B. die Kugel *(Disk)*

$$D^n = \{x \in \mathbb{R}^n \mid |x|^2 \leq 1\}$$

oder allgemeiner, für ein differenzierbares Vektorraumbündel (E,π,X) mit Riemannscher Metrik $\langle,\rangle$ und eine positive differenzierbare Funktion ε auf X das ε-*Disk-Bündel* εDE

$$\varepsilon DE := \{v \in E \mid |v|^2 \leq \varepsilon^2(\pi(v))\}.$$

*

Bei einem Diffeomorphismus einer offenen Teilmenge des $\mathbb{R}^n_+$ auf eine andere offene Teilmenge des $\mathbb{R}^n_+$ wird jeder Punkt auf dem „Rand" (d. h. jeder Punkt mit $x_n = 0$) wieder auf den Rand abgebildet, denn weil ein invertierbarer Keim

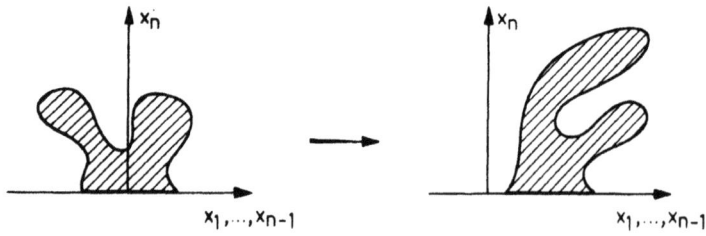

Fig. 125

$(\mathbb{R}^n, x) \to (\mathbb{R}^n, y)$ einen offenen Repräsentanten besitzt, kann ein „innerer" Punkt nicht auf einen Randpunkt abgebildet werden. Daraus ergibt sich, daß der Rand einer berandeten Mannigfaltigkeit in naheliegender Weise wohldefiniert und mit der Struktur einer differenzierbaren Mannigfaltigkeit versehen ist.

(13.3) Definition und Notiz. Ist M eine n-dimensionale berandete Mannigfaltigkeit, so heißt ein Punkt $p \in M$, der durch eine (und damit durch jede) Karte um p auf einen Punkt mit $x_n = 0$ abgebildet wird, ein *Randpunkt* von M. Die Menge der Randpunkte von M ist in kanonischer Weise eine $(n-1)$-dimensionale (gewöhnliche) Mannigfaltigkeit, die mit ∂M bezeichnet wird und der *Rand* von M heißt.

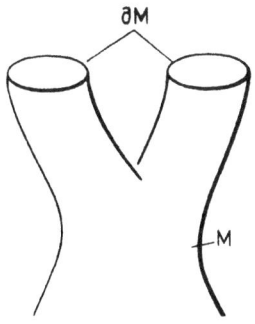

Fig. 126

$M - \partial M$ ist in kanonischer Weise eine (gewöhnliche) n-dimensionale Mannigfaltigkeit und heißt das *Innere* von M.

(13.4) Sprechweise. Um nicht immer von den „gewöhnlichen" im Gegensatz zu den neu eingeführten berandeten Mannigfaltigkeiten sprechen zu müssen, wollen wir vereinbaren, daß berandete Mannigfaltigkeiten immer berandete Mannigfaltigkeiten genannt werden und das Wort „Mannigfaltigkeiten" schlechthin für die gewöhnlichen, unberandeten Mannigfaltigkeiten vorbehalten bleibt. Es soll jedoch nicht verboten sein, daß eine berandete Mannigfaltigkeit leeren Rand haben kann. Ist M eine berandete Mannigfaltigkeit mit $\partial M = \emptyset$, so ist $M = M - \partial M$ natürlich auch in kanonischer Weise eine Mannigfaltigkeit.

Unter einer *geschlossenen* Mannigfaltigkeit versteht man eine kompakte (unberandete) Mannigfaltigkeit.

*

Eine berandete Mannigfaltigkeit M ist aus den beiden Mannigfaltigkeiten $M - \partial M$ und ∂M zusammengesetzt. Wir haben daher zunächst zu beschreiben, wie diese beiden Mannigfaltigkeiten aneinandersitzen, das heißt wir beschreiben eine Umgebung von ∂M in M.

(13.5) Definition. Unter einem *Kragen* für eine berandete Mannigfaltigkeit M versteht man einen Diffeomorphismus von der berandeten Mannigfaltigkeit $\partial M \times [0,1)$ auf eine offene Umgebung von ∂M in M, der auf ∂M die Inklusion $\partial M \subset M$ ist.

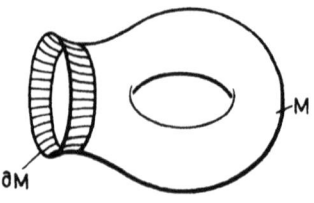

Fig. 127

(13.6) Satz. *Jede berandete Mannigfaltigkeit hat einen Kragen.*

Beweis. Man stellt sich vor, daß man den Rand wie eine Untermannigfaltigkeit ansehen könne, und erhält den Kragen dann als halbe Tubenumgebung; im einzelnen, und dann auch einfacher, verfährt man wie folgt:

Man definiert für berandete Mannigfaltigkeiten das Tangentialbündel (TM, π, M) wie für unberandete, und zwar so, daß auch für die Randpunkte $T_x M$ ein Vektorraum ist und nicht etwa ein Halbraum (die Definition „des Geometers" sinngemäß anzuwenden wäre hierbei etwas ungeschickt, die Definition „des Algebraikers" oder „des Physikers" übertragen sich jedoch wörtlich, vgl. (2.2), (2.5)). Für $x \in \partial M$ ist $T_x \partial M$ ein 1-kodimensionaler Unterraum von $T_x M$, der $T_x M$ in zwei Halbräume zerlegt, von denen bezüglich einer und damit jeder Karte

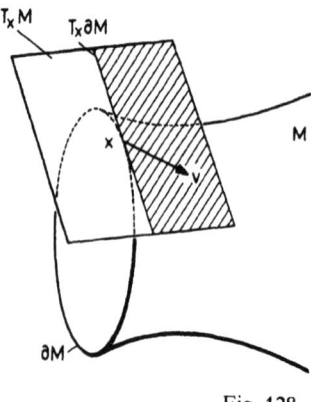

Fig. 128

um x der eine auf der Seite der Mannigfaltigkeit liegt. Einen Vektor $v \in T_x M$, der nicht tangential zu ∂M ist und diesem Halbraum angehört, wollen wir einen *nach innen weisenden* Vektor nennen.

Nach innen zu weisen ist eine konvexe Eigenschaft, in dem schon mehrfach gebrauchten Sinne. Deshalb können wir leicht mittels einer Zerlegung der Eins ein Vektorfeld X auf M konstruieren, so daß jeder Vektor von $X|\partial M$ nach innen weist. Dann gibt es jedoch eine positive Funktion ε auf M und eine differenzierbare Abbildung von

$$\{(x,t) \in \partial M \times \mathbb{R}_+ \mid 0 \leq t < \varepsilon(x)\}$$

nach M, die für jedes feste x eine Lösungskurve von X mit dem Anfangswert x ist. Diese Abbildung ist die Inklusion auf ∂M, ist injektiv und überall von vollem

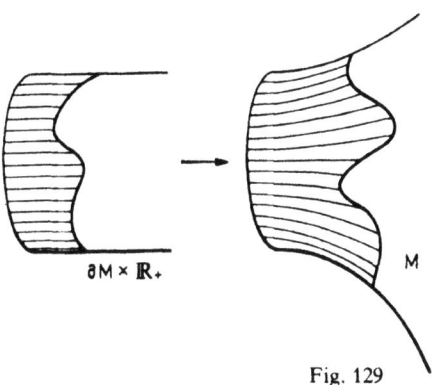

Fig. 129

Rang und daher, wie leicht ersichtlich, ein Diffeomorphismus auf eine offene Umgebung von ∂M in M. Mittels „Schrumpfung" (vgl. (10.4)) erhalten wir daraus leicht einen Diffeomorphismus von $\partial M \times [0,1)$, ja wenn wir wünschen auch von $\partial M \times \mathbb{R}_+$, auf eine Umgebung von ∂M in M, der auf ∂M die Inklusion $\partial M \subset M$ ist. □

Für Kragen gibt es einen Eindeutigkeitssatz wie für Tuben, den wir hier der Einfachheit halber nur für kompakte Ränder formulieren und beweisen.

(13.7) Satz. *Ist M eine berandete Mannigfaltigkeit mit kompaktem Rand und sind κ_0, κ_1 zwei Kragen für M und K eine kompakte Umgebung von ∂M in M, so gibt es ein $\varepsilon > 0$ und eine Diffeotopie von M, die auf ∂M und außerhalb K jeden Punkt festläßt und die auf $\partial M \times [0, \varepsilon)$ den Kragen κ_0 in κ_1 überführt.*

Beweis. Wir konstruieren eine differenzierbar von λ abhängige Familie X_λ von Vektorfeldern auf einer Umgebung von ∂M in M auf folgende Weise:

Das Vektorfeld $\partial/\partial t$ auf $\partial M \times [0,1)$

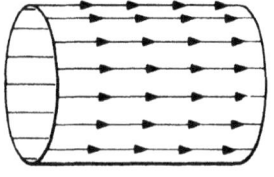

Fig. 130

wird durch κ_0 und κ_1 in zwei in je einer Umgebung von ∂M in M erklärte Vektorfelder übertragen. Auf dem Durchschnitt U dieser Umgebungen nennen wir diese Felder X_0 und X_1.

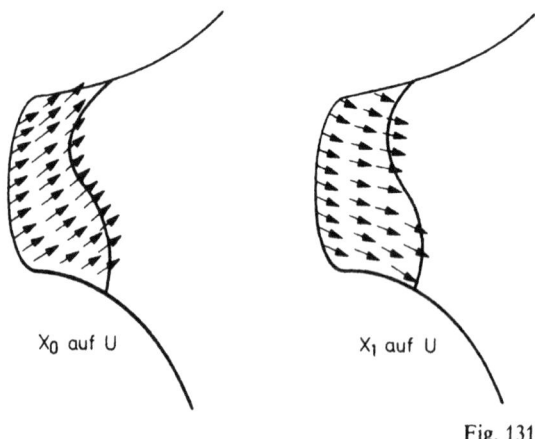

Fig. 131

Dann definieren wir X_λ als

$$X_\lambda := (1-\lambda) X_0 + \lambda X_1$$

auf U.

Längs ∂M weist jedes X_λ nach innen. Durch Integration erhalten wir deshalb für genügend kleines ε auf $\partial M \times [0, 2\varepsilon]$ eine Isotopie κ zwischen κ_0 und κ_1, bei der jedes κ_λ ein Kragen ist, und zwar so, daß sich die ganze Isotopie im (topologisch) Innerern $\overset{\circ}{K}$ von K abspielt. Wie beim Isotopiesatz (Ergänzung 10.9) finden wir nun eine Diffeotopie von $\overset{\circ}{K}$, die außerhalb einer kompakten Teilmenge von K alle Punkte festläßt und in die $\kappa | [0,1] \times \partial M \times [0,\varepsilon]$ eingebettet ist. Erweitern wir diese Diffeotopie durch die Bstimmung alle Punkte außerhalb $\mathring{K}$ festzulassen zu einer Diffeotopie von M, so haben wir die gewünschte Diffeotopie gefunden. □

*

Um eine erste Anwendung der Kragen vorzubereiten, stellen wir folgende kleine Überlegung an: Sei N eine Mannigfaltigkeit und

$$\tau: N \to N$$

eine fixpunktfreie Involution, d. h. ein Diffeomorphismus mit $\tau(p) \neq p$ für alle p und $\tau \circ \tau = \mathrm{Id}_N$.

Identifiziert man einander unter τ entsprechende Punkte und bezeichnet den Quotientenraum mit N/τ, so ist die kanonische Projektion

topologisch eine zweiblättrige Überlagerung, und weil τ ein Diffeomorphismus ist, so gibt es auf N/τ genau eine differenzierbare Struktur, bezüglich der π ein lokaler Diffeomorphismus ist. Wir betrachten also nun N/τ als differenzierbare Mannigfaltigkeit. Beispiel: $\tau: S^n \to S^n$, $x \mapsto -x$, dann ist $S^n/\tau = \mathbb{R}P^n$.

(13.8) Definition und Notiz. Sei M eine berandete Mannigfaltigkeit,

$$\tau: \partial M \to \partial M$$

eine fixpunktfreie Involution und κ ein Kragen für M. Dann gibt es auf der topologischen (unberandeten) Mannigfaltigkeit M/τ, die durch Identifizieren einander unter τ entsprechender Punkte entsteht, genau eine differenzierbare Struktur, bezüglich der die kanonische Inklusion

$$M - \partial M \subset M/\tau$$

und die durch κ gegebene Abbildung

$$\frac{\partial M \times (-1,1)}{\tau \times (-\mathrm{Id})} \to \frac{M}{\tau}$$

$$[p,t] \mapsto \begin{cases} \kappa(p,t) & \text{für } t \geq 0 \\ \kappa(\tau p, -t) & \text{für } t \leq 0 \end{cases}$$

Einbettungen sind. Die so erklärte differenzierbare Mannigfaltigkeit wird ebenfalls mit M/τ bezeichnet.

*

Die Definition zeigt, wie man die kanonische differenzierbare Verklebung von $\partial M \times [0,1)$ zu $\partial M \times [0,1)/\tau \cong \partial M \times (-1,1)/\tau \times (-\mathrm{Id})$ (lokal:

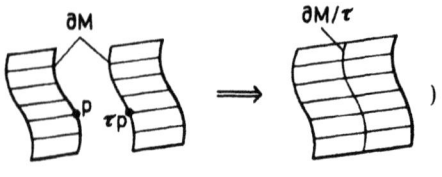

Fig. 132

mittels eines Kragens zur Erklärung der differenzierbaren Verklebung M/τ benutzen kann.

Die differenzierbare Struktur von M/τ hängt in der Tat von der Wahl des Kragens ab, was man zum Beispiel daran erkennt, daß ja die Wege

$$(-1,1) \to M/\tau$$

$$t \mapsto \begin{cases} \kappa(p,t) & \text{für } t \geq 0 \\ \kappa(\tau p, -t) & \text{für } t \leq 0 \end{cases}$$

für jedes $p \in \partial M$ differenzierbar sein müssen. Ist zum Beispiel $M = \mathbb{R}_+^2 + \mathbb{R}_+^2$, also $\partial M = \mathbb{R} + \mathbb{R}$, und τ die kanonische Vertauschung der beiden Randkomponenten, dann ist M/τ natürlich als Menge und topologische Mannigfaltigkeit auf naheliegende Weise dasselbe wie $\mathbb{R}^2$. Benutzt man den „kanonischen" Kragen $(x,t) \mapsto (x,t)$, so erhält man auch die differenzierbare Struktur von $\mathbb{R}^2$; wählt man aber den durch $(x,t) \mapsto (x+t,t)$ gegebenen Kragen, dann sind die Wege $t \mapsto (x+|t|,t)$ in $M/\tau = \mathbb{R}^2$ differenzierbar.

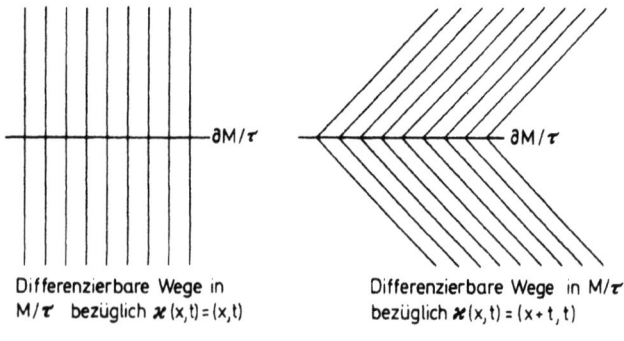

Fig. 133

In der Tat hängt aber der Diffeomorphietyp von M/τ nicht vom Kragen ab, d. h. zwei bezüglich verschiedener Kragen gebildete M/τ sind stets diffeomorph.

Für den Fall kompakter Ränder folgt sogar

(13.9) Korollar aus dem Eindeutigkeitssatz für Kragen. *Sei M eine berandete Mannigfaltigkeit mit kompaktem Rand, $\tau: \partial M \to \partial M$ eine fixpunktfreie Involution und κ_0 und κ_1 Kragen für M. Dann gibt es einen Diffeomorphismus*

$$M/\tau \to M/\tau$$

der mittels κ_0 gebildeten auf die mittels κ_1 gebildete differenzierbare Mannigfaltigkeit M/τ, der auf $\partial M/\tau$ und außerhalb einer vorgegebenen kompakten Umgebung von $\partial M/\tau$ die Identität ist. □

(13.10) Hinweis. Es ist klar, daß alles bisher über die Konstruktion M/τ Gesagte auch auf den Fall anwendbar ist, wo τ nicht auf ganz M erklärt ist, sondern $\tau: X \to X$ eine fixpunktfreie Involution eines in ∂M offenen und abgeschlossenen Teiles $X \subset \partial M$ (also einer Vereinigung von Randkomponenten) ist.

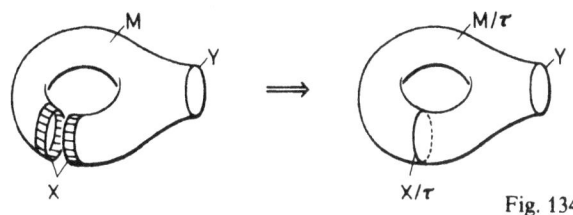

Fig. 134

Als Sprechweise wollen wir noch vereinbaren, daß wir in Fällen, wo es nur auf den Diffeomorphietyp ankommt, bei gegebenen M, τ von „der" differenzierbaren Mannigfaltigkeit M/τ sprechen, ohne den Kragen zu erwähnen.

*

Als Spezialfall der Konstruktion betrachten wir das Zusammenkleben zweier Mannigfaltigkeiten mittels eines Diffeomorphismus der Ränder

(13.11) Definition. Seien M_1, M_2 berandete Mannigfaltigkeiten, $X_i \subset \partial M_i$ offen und abgeschlossen und $\varphi: X_1 \xrightarrow{\cong} X_2$ ein Diffeomorphismus. Dann schreibt man

$$M_1 \underset{\varphi}{\cup} M_2 := M/\tau,$$

wobei $M = M_1 + M_2$ und $\tau: X_1 + X_2 \to X_1 + X_2$ durch $\tau|X_1 = \varphi$ und $\tau|X_2 = \varphi^{-1}$ gegeben ist.

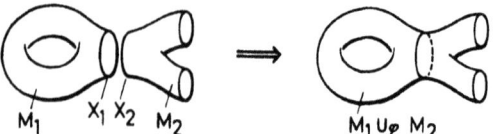

Fig. 135

Die unberandete Mannigfaltigkeit insbesondere,

$$M \underset{\text{Id}}{\cup} M,$$

die man erhält, wenn man zwei Exemplare von M mittels $\text{Id}: \partial M \to \partial M$ zusammenklebt, nennt man die *Verdoppelung* von M.

*

Als eine andere Anwendung des Kragensatzes beschreiben wir, wie man das Produkt zweier berandeter Mannigfaltigkeiten wieder als berandete Mannigfaltigkeit auffassen kann.

Sind M und N berandete Mannigfaltigkeiten, so hat $(M \times N) - (\partial M \times \partial N)$ in kanonischer Weise die Struktur einer berandeten Mannigfaltigkeit. An den Punkten

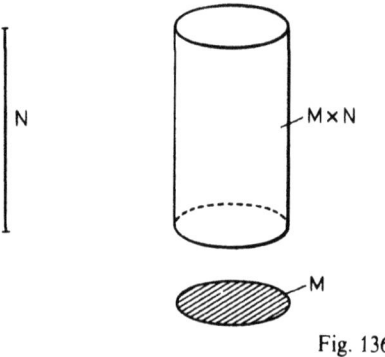

Fig. 136

von $\partial M \times \partial N$ erhalten wir aus den Karten für M und N jedoch „Karten" für $M \times N$, die statt in offene Mengen des Halbraums in offene Mengen des „Viertelraums"

$$\mathbb{R}_+^m \times \mathbb{R}_+^n = \mathbb{R}^{m+n-2} \times \mathbb{R}_+ \times \mathbb{R}_+$$

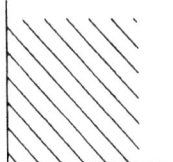

Fig. 137

führen. Um auf ganz $M \times N$ eine differenzierbare Struktur einzuführen, benutzen wir den Homöomorphismus der Halbebene $\mathbb{R}^2_+$

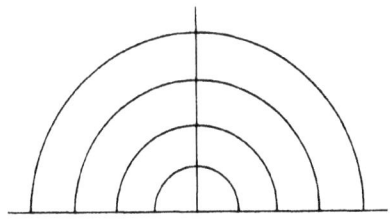

Fig. 138

auf den Quadranten $\mathbb{R}_+ \times \mathbb{R}_+$

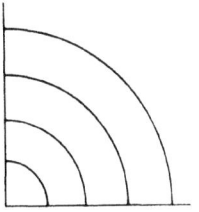

Fig. 139

der in Polarkoordinaten durch die Halbierung des Winkels gegeben ist und bezeichnen ihn mit φ:
$$\varphi: (r,\theta) \to (r, \tfrac{1}{2}\theta).$$

φ erklärt einen Diffeomorphismus

$$\mathbb{R}_+^2 - 0 \cong (\mathbb{R}_+ \times \mathbb{R}_+) - 0.$$

(13.12) Definition und Notiz. Seien M und N berandete Mannigfaltigkeiten mit Kragen κ und λ und zwar aus formalen Gründen hier in der Form

$$\kappa: \partial M \times \mathbb{R}_+ \to M$$
$$\lambda: \partial N \times \mathbb{R}_+ \to N,$$

dann gibt es genau eine differenzierbare Struktur auf $M \times N$, bezüglich der die Abbildungen

$$(M \times N) - (\partial M \times \partial N) \subset M \times N$$

und

$$\partial M \times \partial N \times \mathbb{R}_+^2 \xrightarrow{\mathrm{Id} \times \varphi} \partial M \times \partial N \times \mathbb{R}_+ \times \mathbb{R}_+ \cong (\partial M \times \mathbb{R}_+) \times (\partial N \times \mathbb{R}_+) \xrightarrow{\kappa \times \lambda} M \times N$$

Einbettungen, d. h. hier Diffeomorphismen auf offene Teilmengen von $M \times N$ sind. $M \times N$ werde künftig in dieser Weise als differenzierbare berandete Mannigfaltigkeit aufgefaßt.

Die hier benutzte Technik bezeichnet man als *Glättung des Winkels* (straightening the angle).

(13.13) Notiz. Der Rand von $M \times N$ ist $\partial M \times N \cup_{\mathrm{Id}_{\partial M \times \partial N}} M \times \partial N$, wenn man die durch κ und λ gegebenen Kragen für $\partial M \times N$ und $M \times \partial N$ benutzt.

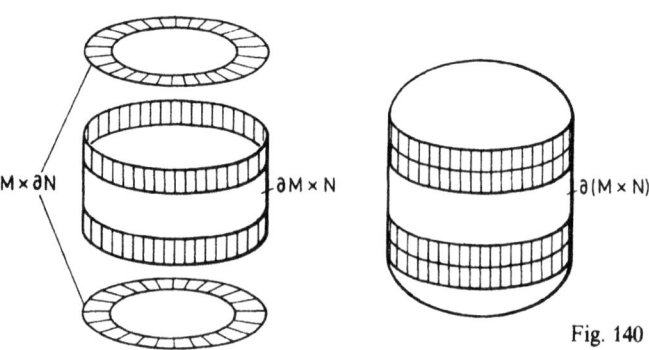

Fig. 140

Kommt es nur auf den Diffeomorphietyp an, so spricht man einfach von „dem" Produkt $M \times N$ als differenzierbare berandete Mannigfaltigkeit, ohne die Kragen zu erwähnen.

Wir wollen diesen Paragraphen über berandete Mannigfaltigkeiten beschließen, indem wir noch den Begriff des „Bordismus" einführen, der in der höheren Differentialtopologie eine so große Rolle spielt.

Jede unberandete Mannigfaltigkeit ist Rand einer berandeten Mannigfaltigkeit, z. B. ist $M = \partial(M \times [0,1])$. Rand einer *kompakten* berandeten Mannigfaltigkeit zu sein, ist jedoch eine einschränkende Bedingung mit interessanten geometrischen Konsequenzen. Allgemeiner teilt man die geschlossenen (d. h. kompakten unberandeten) Mannigfaltigkeiten wie folgt in „Bordismenklassen" ein:

(13.14) Definition. Zwei geschlossene n-dimensionale Mannigfaltigkeiten M_1 und M_2 heißen *bordant*, falls es eine berandete kompakte Mannigfaltigkeit W mit $\partial W \cong M_1 + M_2$ gibt:

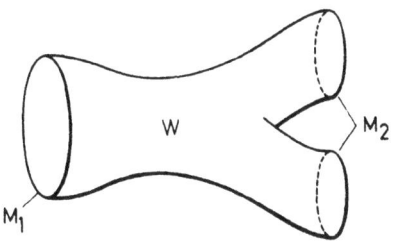

Fig. 141

Ist die geschlossene Mannigfaltigkeit M Rand einer kompakten berandeten Mannigfaltigkeit, so nennt man M *berandend* oder *nullbordant*.

(13.15) Bemerkung und Definition. „Bordant" ist eine Äquivalenzrelation. Die Äquivalenzklassen heißen *Bordismenklassen*, die Bordismenklasse von M bezeichnen wir mit $[M]$.

Beweis, daß „bordant" eine Äquivalenzrelation ist: Die offenbar symmetrische Relation ist wegen $\partial(M \times [0,1]) = M + M$ auch reflexiv. Um die Transitivität einzusehen, verwenden wir die Technik des Zusammenklebens von Mannigfaltigkeiten: Ist $M_1 \sim M_2$ und $M_2 \sim M_3$, und sind W_1, W_2 berandete kompakte Mannigfaltigkeiten mit $\partial W_1 \cong M_1 + M_2, \partial W_2 \cong M_2 + M_3$,

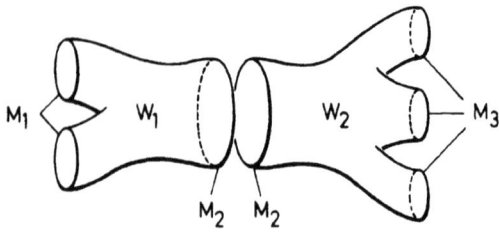

Fig. 142

so ist $\partial \left(W_1 \underset{\text{Id}_{M_2}}{\cup} W_2 \right) = M_1 + M_3$, also ist die Relation transitiv. □

(13.16) Bemerkung. Die disjunkte Summe von Mannigfaltigkeiten macht die Menge $\mathfrak{N}_n$ der Bordismenklassen n-dimensionaler Mannigfaltigkeiten zu einer abelschen Gruppe; das kartesische Produkt definiert eine Multiplikation

$$\mathfrak{N}_n \times \mathfrak{N}_m \to \mathfrak{N}_{n+m},$$

durch die $\mathfrak{N}_* := \bigoplus_{n=0}^{\infty} \mathfrak{N}_n$ zu einer $\mathbb{Z}_2$-Algebra wird.

Dies bestätigt man ohne Mühe und Einfall. Sehr tief liegt dagegen die Berechnung dieser Algebra. □

Die geometrisch-analytischen Techniken, die wir in diesem Buch beschreiben, bilden zwar die Grundlage des Studiums differenzierbarer Mannigfaltigkeiten, sie reichen aber für die Behandlung der meisten schwierigen Probleme nicht allein aus: man braucht dann auch die Hilfsmittel der Algebraischen Topologie. Mit der Definition der Algebra $\mathfrak{N}_*$ sind wir auf so eine Verbindungsstelle von Geometrie und Algebra gestoßen. Für eine ganze Reihe geometrischer Probleme, die nur mit Hilfe der Algebraischen Topologie gelöst werden können, ist es nämlich von großer Bedeutung, die algebraische Struktur von $\mathfrak{N}_*$ zu kennen. Diese Struktur ist von R. Thom aufgeklärt worden, der damit die Grundlage für die umfangreiche Bordismen-Theorie gelegt hat. Sein Resultat heißt

(13.17) Satz (Thom 1954). *Sei $\mathbb{Z}_2[X_2, X_4, X_5, X_6, X_8, X_9, \ldots]$ der Polynomring über $\mathbb{Z}_2$ von abzählbar vielen Unbestimmten X_i, und zwar eine Unbestimmte für jedes $i \geq 0$, das nicht von der Form $2^j - 1$ ist. Dann gibt es einen Algebren-Isomorphismus*

$$\mathbb{Z}_2[X_2, X_4, \ldots] \xrightarrow{\cong} \mathfrak{N}_*,$$

der jedes X_i auf ein Element von $\mathfrak{N}_i$ abbildet. Der Isomorphismus kann so eingerichtet werden, daß für gerade i die Unbestimmte X_i auf die Bordismenklasse des i-dimensionalen reellen projektiven Raumes abgebildet wird.

(13.18) Aufgaben

1. Es sei M eine geschlossene Mannigfaltigkeit und $a,b \in \mathbb{R}$ reguläre Werte einer differenzierbaren Funktion $f: M \to \mathbb{R}$. Man zeige, daß die Mannigfaltigkeiten $f^{-1}(a)$ und $f^{-1}(b)$ bordant sind.
2. Man zeige, daß es auf jeder berandeten Mannigfaltigkeit M eine differenzierbare Funktion mit $f^{-1}(0) = \partial M$ gibt.
3. Man zeige, daß aus $M - \partial M = \emptyset$ auch $M = \emptyset$ folgt.
4. Man zeige, daß eine orientierbare berandete Mannigfaltigkeit stets einen orientierbaren Rand hat.
5. Man gebe eine berandete Mannigfaltigkeit mit nichtleerem Rand an, deren Diffeomorphietyp sich nicht ändert, wenn man irgend einen Punkt aus ihr entfernt.
6. Sei M eine kompakte berandete Mannigfaltigkeit und X ein Vektorfeld auf M, das am Rand nach innen weist. Man zeige, daß $\mathbb{R}_+$ im Definitionsbereich jeder maximalen Lösungskurve enthalten ist.
7. Man zeige, daß $M_1 \# M_2$ bordant zu $M_1 + M_2$ ist.
8. Man zeige, daß jede geschlossene Mannigfaltigkeit zu einer zusammenhängenden Mannigfaltigkeit bordant ist.
9. Seien A_0, A_1 fremde abgeschlossene Teilmengen der differenzierbaren Mannigfaltigkeit M. Man zeige, daß es eine Zerlegung

$$M = M_0 \cup M_1$$
$$\partial M_0 = \partial M_1 = M_0 \cap M_1$$

von M in zwei berandete Mannigfaltigkeiten gibt, die längs des gemeinsamen Randes verklebt sind, so daß $A_v \subset M_v$.

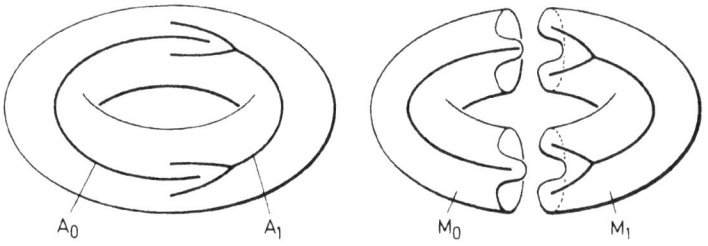

Fig. 143

10. Man zeige, daß die Verdoppelung einer kompakten berandeten Mannigfaltigkeit stets berandet.

11. Sei M eine kompakte berandete Mannigfaltigkeit und $\varphi: \partial M \to \partial M \times 0$ der kanonische Diffeomorphismus. Man beweise, daß M zu $M \underset{\varphi}{\cup} (\partial M \times [0,1])$ diffeomorph ist.

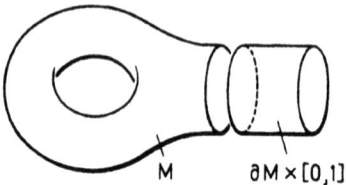

Fig. 144

12. Man zeige, daß für jeden Diffeomorphismus $\varphi: S^{n-1} \to S^{n-1}$ die Mannigfaltigkeit $D^n \underset{\varphi}{\cup} D^n$ homöomorph zu S^n ist.
13. Man gebe ein Beispiel orientierbarer berandeter Mannigfaltigkeiten M_1 und M_2 und eines Diffeomorphismus $\varphi: \partial M_1 \xrightarrow{\cong} \partial M_2$, so daß $M_1 \underset{\varphi}{\cup} M_2$ nicht orientierbar ist.
14. Man zeige, daß eine geschlossene Mannigfaltigkeit, auf der eine fixpunktfreie Involution existiert, stets berandet.
15. Man zeige: $D^n \times D^m \cong D^{n+m}$.
16. Wie viele Bordismusklassen 15-dimensionaler Mannigfaltigkeiten gibt es? Benutze 13.17.

§ 14. Transversalität

Wir studieren die folgende Situation: Sei $f: M \to N$ eine differenzierbare Abbildung differenzierbarer Mannigfaltigkeiten, und sei $L \subset N$ eine Untermannigfaltigkeit.

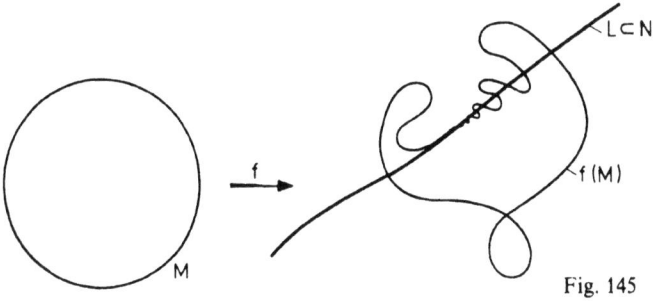

Fig. 145

Was kann man über das Urbild $f^{-1}(L) \subset M$ sagen? Ist f transversal zu L, so ist wie wir wissen $f^{-1}(L) \subset M$ eine Untermannigfaltigkeit derselben Kodimension wie $L \subset N$. Ohne solche Voraussetzungen hat jedoch $f^{-1}(L)$ keinerlei Struktur:

(14.1) Satz (Whitney). *Jede abgeschlossene Teilmenge einer differenzierbaren Mannigfaltigkeit ist Nullstellenmenge einer differenzierbaren Funktion.*

Beweis. Sei zunächst $A \subset V$ abgeschlossen, und V offen in $\mathbb{R}^m$, dann überdecken wir die offene Menge $V - A$ durch eine Folge offener Kugeln $\{K_v | v \in \mathbb{N}\}$ und wählen für jedes $v \in \mathbb{N}$ eine differenzierbare Funktion $\psi_v : V \to \mathbb{R}$, mit den Eigenschaften

(a) $0 \leq \psi_v$ und $\psi_v(x) > 0 \Leftrightarrow x \in K_v$.

(b)   Die Werte und Beträge aller Ableitungen von ψ_v bis zur v-ten Ordnung sind kleiner als 2^{-v}.

Die Bedingung (a) ist leicht zu erfüllen (§ 7), die Bedingung (b) erfüllt man, indem man eine Funktion, die (a) erfüllt, mit einem kleinen konstanten Faktor multipliziert.

Jetzt setze man $\psi := \sum_{\nu=1}^{\infty} \psi_\nu$. Diese Reihe konvergiert wegen (b), ebenso wie die Reihe jeder Ableitung der ψ_ν, gleichmäßig auf ganz V, daher ist der Grenzwert ψ differenzierbar. Wegen (a) ist $\psi(x) > 0$ genau wenn $x \in K_\nu$ für ein ν, also genau wenn $x \notin A$.

Ist nun allgemein $A \subset M$ abgeschlossen, so wähle man eine Partition der Eins $\{\varphi_i | i \in \mathbb{N}\}$, so daß jeder Träger $\text{Tr}(\varphi_i)$ in einem Kartengebiet V_i enthalten ist. Dann ist $\text{Tr}(\varphi_i) \cap A$ abgeschlossen in V_i und man findet wie eben gezeigt eine Funktion $\lambda_i: V_i \to \mathbb{R}$, $\lambda_i \geq 0$, $\lambda_i(x) = 0 \Leftrightarrow x \in \text{Tr}(\varphi_i) \cap A$. Man setze $\lambda = \sum_{i=1}^{\infty} \varphi_i \cdot \lambda_i$ (mit $\lambda_i := 0$ außerhalb V_i).

Die Funktion λ ist wohldefiniert und differenzierbar, weil die Summe lokal endlich ist. Ist $x \in A$, so ist $\lambda_i(x) = 0$ für alle i, also $\lambda(x) = 0$. Ist $x \notin A$, so ist $\varphi_i(x) > 0$ für ein i und $x \notin \text{Tr}(\varphi_i) \cap A$, also $\lambda_i(x) > 0$, also $\varphi_i(x) \cdot \lambda_i(x) > 0$ und daher $\lambda(x) > 0$. □

(14.2) Bemerkung. Setzen wir $\alpha(x) := \exp(-\lambda(x)^{-2})$ mit der eben konstruierten Funktion λ, so ist

$$0 \leq \alpha < 1$$
$$\alpha^{-1}(0) = A,$$

und auf A verschwinden alle Ableitungen von α (bezüglich irgendwelcher Karten), weil $\exp(-t^{-2})$ genau für $t = 0$ verschwindet, und im Nullpunkt eine verschwindende Taylorreihe hat. Solche Funktionen sind ein nützliches technisches Hilfsmittel.

Jede abgeschlossene Teilmenge $A \subset M$ ist also Urbild der Untermannigfaltigkeit $\{0\} \subset \mathbb{R}$ bei einer geeigneten differenzierbaren Abbildung. Das ist ganz anders im Falle analytischer oder algebraischer Funktionen; dort gibt es eine große und interessante Theorie der Nullstellengebilde der entsprechenden Funktionen. Dennoch ist die Theorie der Urbilder von Untermannigfaltigkeiten bei differenzierbaren Abbildungen damit nicht zu Ende, denn so pathologische Abbildungen wie die hier konstruierten sind gewissermaßen eine unwahrscheinliche Ausnahme, der wahrscheinliche Zustand einer Abbildung ist der der Transversalität. Wir werden hier – ähnlich wie beim Immersionssatz – zeigen, daß man eine Abbildung stets beliebig gut durch eine transversale Abbildung approximieren kann. Zunächst einige Vorbereitungen:

(14.3) Definition. Wir sagen, ein Vektorraumbündel E hat *endlichen Typ*, wenn E Unterbündel eines trivialen Bündels $\pi: B \times \mathbb{R}^k \to B$ ist. Das heißt also mit andern Worten: Es gibt ein Vektorraumbündel F über B, so daß $E \oplus F$ trivial ist (4.11).

(14.4) Lemma. *Ein differenzierbares Vektorraumbündel über einer differenzierbaren Mannigfaltigkeit hat endlichen Typ.*

Beweis. Der eigentliche Grund ist, daß die Basis endlichdimensional ist. Um uns jedoch nicht mit zuviel Topologie belasten zu müssen, erlauben wir uns folgendes Argument: Hat ein Bündel endlichen Typ, so offenbar auch jedes Unterbündel, sowie die Beschränkung des Bündels auf einen Teilraum der Basis. Außerdem hat das Tangentialbündel TM einer differenzierbaren Mannigfaltigkeit endlichen Typ, denn eine Einbettung $M \subset \mathbb{R}^n$ nach (7.10) induziert eine Inklusion $TM \subset T\mathbb{R}^n | M$, und das Tangentialbündel von $\mathbb{R}^n$ ist trivial.

Ist jetzt $E \to N$ irgendein differenzierbares Vektorraumbündel, so ist der Totalraum E eine differenzierbare Mannigfaltigkeit, und das Tangentialbündel TE hat wie eben gesagt, endlichen Typ, also auch die Beschränkung dieses Bündels $TE|N \to N$ auf den Nullschnitt $N \subset E$. Dieses Bündel enthält aber E als Unterbündel, als Normalbündel des Nullschnitts (12.3). □

Die allgemeinen Transversalitätssätze gründen wir jetzt auf folgenden Spezialfall:

(14.5) Hilfssatz. *Sei (E, π, M) ein differenzierbares Vektorraumbündel, welches mit einer Riemannschen Metrik versehen sei. Sei $N \subset E$ eine differenzierbare Untermannigfaltigkeit und ε eine stetige überall positive Funktion auf M. Dann gibt es einen differenzierbaren Schnitt $s: M \to E$, $|s(p)| < \varepsilon(p)$ für alle $p \varepsilon M$, so daß s transversal zu N ist. Ist $A \subset M$ abgeschlossen und erfüllt der Nullschnitt die Transversalitätsbedingung (5.11) bezüglich N für alle Punkte aus A, so kann man den Schnitt s so wählen, daß $s|A = 0$ ist.*

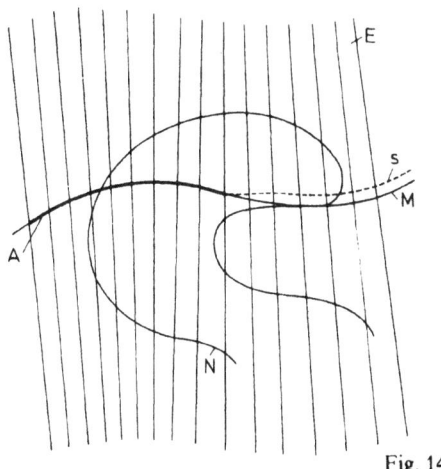

Fig. 146

Beweis. Zu dem Vektorbündel (E, π, M) wählen wir ein Komplement (E', π', M), so daß $E \oplus E'$ das triviale Bündel $M \times \mathbb{R}^k$ ist. Sei $f: E \oplus E' \to E$ die Projektion auf den ersten Summanden, dann ist die Abbildung

$$f: M \times \mathbb{R}^k \to E$$

submersiv, daher $f^{-1}(N) \subset M \times \mathbb{R}^k$ eine Untermannigfaltigkeit (denn eine Submersion ist stets transversal), und die Fasern des Normalbündels von $f^{-1}(N)$ in $M \times \mathbb{R}^k$ werden durch Tf isomorph auf die Fasern des Normalbündels von N in E abgebildet.

Daher ist ein Schnitt s des trivialen Bündels $M \times \mathbb{R}^k \to M$ genau dann transversal zu $f^{-1}(N)$, wenn der Schnitt $f \circ s$ transversal zu N ist. Der langen Rede kurzer Sinn: Wir können ohne Beschränkung der Allgemeinheit annehmen, daß E das triviale Bündel $M \times \mathbb{R}^k \to M$ ist. Übrigens ist $f^{-1}(N)$ der Totalraum des Bündels $\pi^* E' | N$ über N.

Sei also nun $E = M \times \mathbb{R}^k$ und α die Funktion in (14.2) zu der gegebenen abgeschlossenen Menge $A \subset M$, sei $U = M - A$ und $\delta = \varepsilon \cdot \alpha : M \to \mathbb{R}$, dann gilt $0 < \delta(p) < \varepsilon(p)$ für alle $p \in U$, und auf A verschwindet δ samt allen Ableitungen. Wir haben eine Bündelabbildung

$$g: E | U = U \times \mathbb{R}^k \to U \times \mathbb{R}^k, \quad (p, v) \mapsto (p, (\delta(p))^{-1} \cdot v).$$

wählen einen regulären Wert $w \in \mathbb{R}^k$, $|w| < 1$, der Zusammensetzung $N \cap (E|U) \xrightarrow{g} U \times \mathbb{R}^k \xrightarrow{pr_2} \mathbb{R}^k$, und definieren den gesuchten Schnitt durch $s(p) = (p, \delta(p) \cdot w)$; hier wird der Satz von Sard (6.1) benutzt.

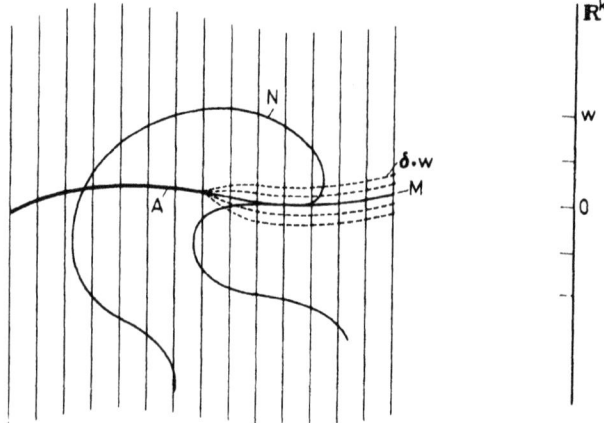

Fig. 147

In einem Punkt $p \in A$ stimmen die Werte und das Differential von s mit denen des Nullschnitts überein; die Transversalitätsbedingung ist nach Voraussetzung erfüllt. Ist $p \in U$, so muß man sich nur davon überzeugen, daß in p der Schnitt $g \circ s | U$ (der den konstanten Wert w hat) zu $g(N \cap E | U)$ transversal ist:

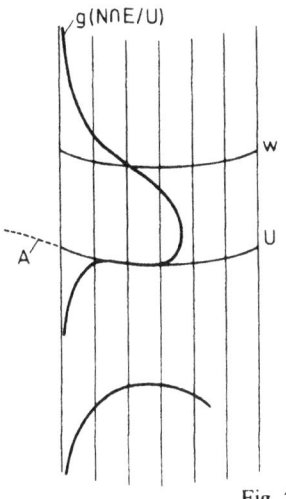

Fig. 148 □

(14.6) Transversalitätssatz für Schnitte (R. Thom). *Sei $f: E \to M$ eine differenzierbare Abbildung differenzierbarer Mannigfaltigkeiten, und $s: M \to E$ ein differenzierbarer Schnitt von f (das heißt, es sei $f \circ s = \mathrm{Id}_M$). Sei $N \subset E$ eine differenzierbare Untermannigfaltigkeit, dann gibt es beliebig nahe an s einen zu N transversalen Schnitt $t: M \to E$. Ist die Transversalitätsbedingung von s für alle Punkte einer abgeschlossenen Menge $A \subset M$ schon erfüllt, so kann man den Schnitt t so wählen, daß $t | A = s | A$ ist (Fig. 149).*

„Beliebig nahe" ist mit einer Metrik auf E und der C^0-Topologie für Abbildungen zu formulieren, siehe (7.8).

Beweis. Wir wählen eine geeignete Tubenumgebung von $s(M)$ und wenden in dieser Tubenumgebung den Hilfssatz an:

Der Schnitt s ist differenzierbar und immersiv, denn $Tf \circ Ts = \mathrm{Id}$; auch ist $s: M \to s(M)$ homöomorph, mit inverser Abbildung $f | s(M)$, und daher ist s nach (5.7) eine Einbettung. Weil $f | s(M)$ den Rang $\dim(M)$ hat, ist f in einer Umgebung U von $s(M)$ submersiv, und es genügt den Satz für $f: U \to M$, $s: M \to U$ und $N \cap U \subset U$ zu zeigen, das heißt, wir dürfen annehmen, daß f submersiv ($U = E$) ist.

Dann hat man über E das Unterbündel $\ker(Tf)$ des Tangentialbündels TE, und $\ker(Tf) | s(M)$ ist ein Komplement des Tangentialbündels von $s(M)$ in $TE | s(M)$, also geeignet als Normalkomponente: Die Inklusion $\ker(Tf) | s(M) \to TE | s(M)$ induziert einen Isomorphismus mit dem Normalbündel von $s(M)$ in E.

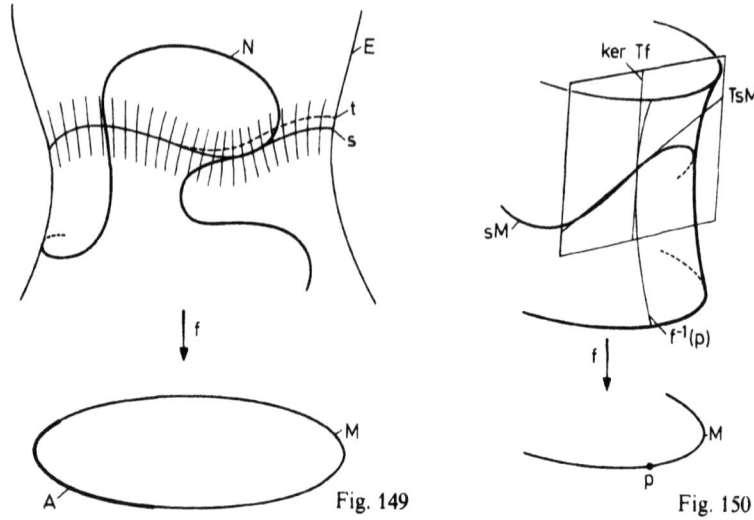

Fig. 149 Fig. 150

Man kann jetzt einen Spray $\xi: TE \to TTE$ so bestimmen, daß $\xi(v) \in T \ker(Tf)$ für Vektoren $v \in \ker(Tf)$, so daß also die Integralkurven, welche in Richtung eines Vektors aus $\ker(Tf)$ beginnen, stets eine Richtung aus diesem Unterbündel behalten, oder mit andern Worten: Die Integralkurven, welche an einer Stelle tangential zu einer „Faser" $f^{-1}(p)$ für $p \in M$ sind, verlaufen ganz in $f^{-1}(p)$.

Konstruiert man mit diesem Spray eine Tubenabbildung

$$\tau: \ker(Tf)|s(M) \to E,$$

so ist das Diagramm

$$\begin{array}{ccc} \ker(Tf)|s(M) & \xrightarrow{\tau} & E \\ \pi \downarrow & & \downarrow f \\ s(M) & \xrightarrow[f]{\cong} & M \end{array}$$

kommutativ, und weil τ eine offene Einbettung ist, kann man den Hilfssatz (14.5) auf der linken Seite des Diagramms unmittelbar anwenden. □

Als Spezialfall erhalten wir das klassische Ergebnis von Thom:

(14.7) Transversalitätssatz für Abbildungen. *Sei $f: M \to N$ differenzierbar, und sei $L \subset N$ eine differenzierbare Untermannigfaltigkeit, dann gibt es beliebig nahe an f eine zu L transversale Abbildung $g: M \to N$. Ist die Transversalitätsbedingung von*

f für die Punkte einer abgeschlossenen Teilmenge $A \subset M$ schon erfüllt, so kann man g so wählen, daß $f|A = g|A$ ist.

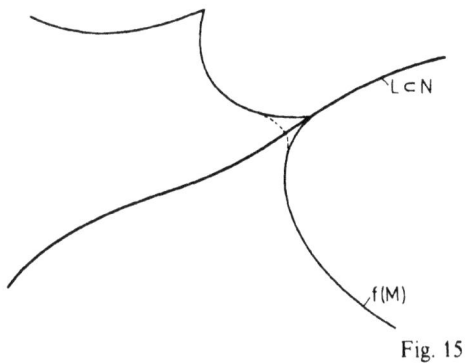

Fig. 151

Beweis. Betrachte die Zusammensetzung $M \xrightarrow{s} M \times N \xrightarrow{\pi} N$, $s = (\text{Id}, f)$, $\pi = $ Projektion. Dann ist $\pi \circ s = f$, und π ist submersiv, also transversal zu L, mit dem Urbild $\pi^{-1}(L) = M \times L \subset M \times N$. Approximieren wir daher den Schnitt s der Projektion $M \times N \to M$ nach (14.6) durch einen zu $M \times L$ transversalen Schnitt t, so ist – nach dem selben Schluß wie beim ersten Schritt im Beweis des Hilfssatzes – die Abbildung $\pi \circ t : M \to N$ transversal zu $\pi(M \times L) = L$. □

Übrigens wird in diesem Beweis nicht benutzt, daß auch die Approximation t von s ein Schnitt ist. Ohne diese Forderung ist (14.6) viel einfacher zu zeigen, weil man mit einer ganz beliebigen Tubenumgebung von $s(M)$ argumentieren kann.

Transversalitätssätze liegen allen Argumenten der „allgemeinen Lage" in der Differentialtopologie zugrunde. Mit ihnen beginnt die Kobordismentheorie ebensowohl wie die Stabilitätstheorie differenzierbarer Abbildungen, und sie sorgen eigentlich dafür, daß die Differentialtopologie kein Wust von Pathologien ist, sondern eine Fülle geometrischer Phänomene zeigt.

Als Topologe sucht man Abbildungen zwischen Mannigfaltigkeiten durch andre mit guten Eigenschaften (differenzierbar, transversal, ...) gut zu approximieren, weil nahe beieinander liegende Abbildungen homotop sind (12.9). Sind also $f_0, f_1 : M \to N$ genügend nahe Approximationen einer Abbildung f, welche transversal zu einer Untermannigfaltigkeit $L \subset N$ sind, so sind beide homotop zu f durch differenzierbare Homotopien,

$$M \times [0,1] \to N, \quad i = 0, 1,$$

welche dort von t nicht abhängen, wo bereits $f_0(p) = f(p)$ beziehungsweise $f_1(p) = f(p)$ gilt.

Wählen wir eine „technische" Homotopie, die z. B. während der Zeiten $0 \leq t \leq \frac{1}{3}$ beziehungsweise $\frac{2}{3} \leq t \leq 1$ nicht von t abhängt, so setzen wir die Homotopien aneinander zu einer differenzierbaren (technischen) Homotopie F zwischen f_0 und f_1.

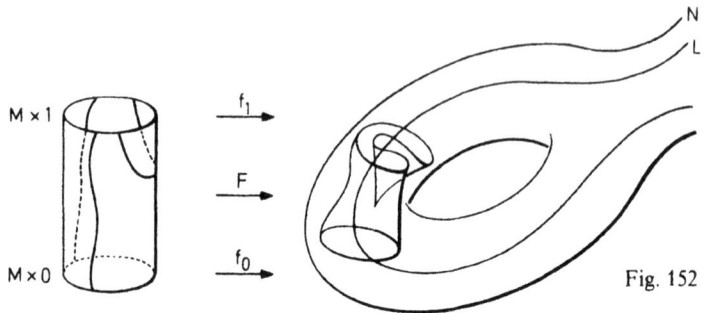

Fig. 152

Nach Voraussetzung sind f_0 und f_1 transversal zu L, und wenn wir die Homotopie so wählen, daß sie während der Zeiten $0 \leq t \leq \frac{1}{3}$ beziehungsweise $\frac{2}{3} \leq t \leq 1$ stationär ist, so sind folglich auch $F|M \times (0,\frac{1}{3}]$ und $F|M \times [\frac{2}{3},1)$ transversal zu L, und man kann nach (14.7) die Homotopie $F|M \times (0,1)$ durch eine zu L transversale Abbildung ersetzen, ohne sie auf der abgeschlossenen Menge $M \times ([0,\frac{1}{3}] \cup [\frac{2}{3},1])$ zu ändern. Betrachtet man jetzt das Urbild $F^{-1}(L) \subset M \times [0,1]$, so ist $F^{-1}(L) \cap M \times (0,1)$ eine Untermannigfaltigkeit derselben Kodimension wie $L \subset N$, und

$$F^{-1}(L) \cap [0,\tfrac{1}{3}] = f_0^{-1}(L) \times [0,\tfrac{1}{3}); \quad F^{-1}(L) \cap (\tfrac{2}{3},1] = f_1^{-1}(L) \times (\tfrac{2}{3},1].$$

Zusammen erkennt man, daß $F^{-1}(L)$ eine berandete Mannigfaltigkeit ist, mit dem Rand $f_0^{-1}(L) + f_1^{-1}(L)$, also: *Homotope zu L transversale Abbildungen haben bordante Urbilder*, die Bordismenklasse von $f^{-1}(L)$ hängt nicht davon ab, welche zu L transversale Approximation von f man wählt.

Tatsächlich braucht die Abbildung f, von der man ausgeht, nur stetig zu sein, denn eine stetige Abbildung läßt sich differenzierbar approximieren:

(14.8) Satz. *Sei $f: M \to N$ eine stetige Abbildung, die in einer offenen Umgebung U der abgeschlossenen Menge $A \subset M$ differenzierbar sei, dann gibt es beliebig nahe an f eine differenzierbare Abbildung $g: M \to N$, so daß $g|A = f|A$ ist.*

Beweis. Wir wählen eine abgeschlossene Einbettung $N \subset \mathbb{R}^n$ und in $\mathbb{R}^n$ eine Tubenumgebung V von N mit Projektion $\pi: V \to N$, siehe (7.10), (12.11).

Ist dann W eine Umgebung des Graphen von f in $M \times N$, so ist

$$Q := \{(p,q) \in M \times V \mid \pi(q) \in W\}$$

eine Umgebung des Graphen von f in $M \times V$, und liegt der Graph einer differenzierbaren Abbildung $g: M \to \mathbb{R}^n$ in Q, so liegt der Graph von $\pi \circ g$ in W, wir dürfen also annehmen $N = \mathbb{R}^n$.

In diesem Falle betrachten wir eine ε-Umgebung von f, wobei $\varepsilon: M \to \mathbb{R}$ eine echt positive Funktion ist, wählen dazu eine Überdeckung $\{U_\nu | \nu \in \mathbb{Z}\}$ von M mit einer untergeordneten differenzierbaren Partition der Eins $\{\varphi_\nu\}$ sowie Konstanten f_ν, so daß $|f(p) - f_\nu| < \varepsilon(p)$ für alle $p \in U_\nu$, und so daß $U_\nu \subset U$ für $\nu < 0$ und $U_\nu \subset M - A$ für $\nu \geq 0$; dann setze man

$$g(p) = \sum_{\nu < 0} f(p) \cdot \varphi_\nu(p) + \sum_{\nu \geq 0} f_\nu \varphi_\nu(p). \quad \square$$

(14.9) Aufgaben

1. Seien A_0, A_1 fremde abgeschlossene Teilmengen der differenzierbaren Mannigfaltigkeit M. Man zeige, daß es eine differenzierbare Funktion $\alpha: M \to \mathbb{R}$ gibt, so daß $0 \leq \alpha \leq 1$, $\alpha^{-1}\{0\} = A_0$, $\alpha^{-1}\{1\} = A_1$.

2. Sei M eine kompakte zusammenhängende differenzierbare Mannigfaltigkeit, und $A \subset M$ eine nicht leere abgeschlossene Teilmenge. Man zeige, daß es ein Vektorfeld auf M gibt, das genau auf A verschwindet.

   Hinweis: Zunächst konstruiere man ein Vektorfeld, dessen Nullstellenmenge endlich ist.

3. In dem Transversalitätssatz (14.6) haben wir vorausgesetzt, daß $N \subset E$ eine Untermannigfaltigkeit ist. Man zeige, daß derselbe Satz auch noch gilt, wenn man diese Inklusion durch eine beliebige differenzierbare Abbildung $g: N \to E$ ersetzt. Die Transversalitätsbedingung (für $s: M \to E$) muß man in diesem Falle so formulieren: Ist $p \in M$, $q \in N$ und $s(p) = g(q) = x \in E$, so ist $T_p s(T_p M) + T_q g(T_q N) = T_x E$.

4. Man formuliere und beweise eine entsprechende Verallgemeinerung des Transversalitätssatzes für Abbildungen (14.7), wie die Aufgabe 3 sie für (14.6) gibt.

5. Sei B eine berandete Mannigfaltigkeit, und $L \subset M$ eine differenzierbare Untermannigfaltigkeit. Man zeige, daß jede stetige Abbildung $f: B \to M$ homotop zu einer Abbildung $g: B \to M$ ist, so daß $g^{-1}(L) \subset B$ eine berandete differenzierbare Untermannigfaltigkeit mit $\partial(g^{-1}L) = g^{-1}(L) \cap \partial B$ ist.

6. Sei M eine orientierte differenzierbare Mannigfaltigkeit, und seien $f_\nu: N_\nu \to M$, $\nu = 1, 2$, differenzierbare Abbildungen von orientierten geschlossenen Mannigfaltigkeiten komplementärer Dimension, d.h. $\dim(N_1) + \dim(N_2) = \dim(M)$. Die *Schnittzahl* $[f_1] \circ [f_2] \in \mathbb{Z}$ ist dann folgendermaßen definiert: Man wählt eine zu f_1 homotope und zu f_2 im Sinne von Aufgabe 3 transversale Abbildung g. Dann ist das Faserprodukt $F := \{(p, q) \in N_1 \times N_2 | g(p) = f_2(q)\}$ endlich (5.14,11), und zu jedem $(p, q) \in F$ hat man einen Isomorphismus orientierter Vektorräume

$$T_p(N_1) \oplus T_q(N_2) \xrightarrow{(T_q, T f_2)} T_{g(p)} M$$

und setzt $\varepsilon(p,q) = \pm 1$, je nachdem ob dieser Isomorphismus die Orientierung erhält oder umkehrt. Dann ist

$$[f_1] \circ [f_2] := \sum_F \varepsilon(p,q).$$

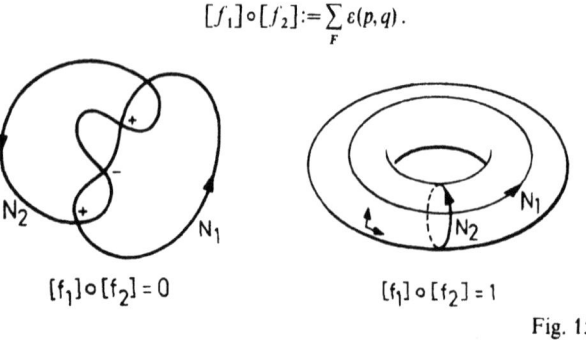

$[f_1] \circ [f_2] = 0$ $\qquad\qquad\qquad [f_1] \circ [f_2] = 1$

Fig. 153

Man zeige, daß die Schnittzahl wohldefiniert ist, und nur von den Homotopieklassen der Abbildungen f_v (Klassen bezüglich der Relation „homotop") abhängt. Es ist $[f_1] \circ [f_2] = (-1)^{n_1 \cdot n_2} [f_2] \circ [f_1]$, $n_v := \dim N_v$.

7. Für eine zusammenhängende Mannigfaltigkeit M sei $\pi_n(M)$ die Menge der Homotopieklassen stetiger Abbildungen $S^n \to M$. Man zeige: Ist $n < k$, so ist $\pi_n(S^k) = 0$.

Hinweis: (14.8), (6.1).

8. Sei $i: \{p\} \to S^n$ die Inklusion eines Punktes. Man zeige, daß die folgende Abbildung $s: \pi_n(S^n) \to \mathbb{Z}$, $n > 0$, surjektiv ist: Ist $\alpha \in \pi_n(S^n)$ durch die Abbildung $a: S^n \to S^n$ repräsentiert, so ist $s(\alpha) := [a] \circ [i]$; siehe Aufgaben 6, 7.

9. Allgemeiner als in Aufgabe 8 sei M eine geschlossene orientierte zusammenhängende differenzierbare n-dimensionale Mannigfaltigkeit, und Π die Menge der Homotopieklassen von stetigen Abbildungen $f: M \to S^n$. Ist wieder $i: \{p\} \to S^n$ die Inklusion eines Punktes, so definiert $f \to [f] \circ [i]$ eine Surjektion $\Pi \to \mathbb{Z}$.

10. Zeige, daß die Abbildung $\Pi \to \mathbb{Z}$ in 9 bijektiv ist, insbesondere also $\pi_n(S^n) = \mathbb{Z}$.

Hinweis: Man benutze (10.3).

11. Sei $s: M \to TM$ ein Vektorfeld auf einer geschlossenen orientierten Mannigfaltigkeit (TM besitzt eine kanonische Orientierung (4.22, 5), (11.7, 2)). Die Zahl $\chi(M) := [s] \circ [s]$ heißt Euler-Charakteristik von M. Man zeige, daß $\chi(M)$ nur von M abhängt (Aufgabe 6). Gibt es auf M ein nirgends verschwindendes Vektorfeld, so ist $\chi(M) = 0$.

12. Man zeige $\chi(S^{2n+1}) = 0$, $\chi(S^{2n}) = 2$ (siehe Aufgabe 11).

Hinweis: S^{2n+1} ist die Einheitssphäre in $\mathbb{C}^{n+1}$, man konstruiere ein nirgends verschwindendes Vektorfeld. Für S^{2n} betrachte man das durch Rotation um eine Achse induzierte Vektorfeld.

Literaturverzeichnis

1. Godement, R.: Topologie algébrique et théorie des faisceaux. Paris: Hermann 1964.
2. Grauert, H., Fischer, W.: Differential- und Integralrechnung II, Heidelberger Taschenbücher, Bd. 36. Berlin-Heidelberg-New York: Springer 1968.
3. Lang, S.: Differential Manifolds. Reading, Mass.: Addison-Wesley Publishing Comp. 1972.
4. Milnor, J.: Differential Topology. Princeton (vervielfältigtes Manuskript) 1958.
5. Milnor, J.: Differentiable Structures. Princeton (vervielfältigtes Manuskript) 1961.
6. Milnor, J.: Topology from the Differentiable Viewpoint. Charlottesville: The University Press of Virginia 1965.
7. Narasimhan, R.: Analysis on Real and Complex Manifolds. Amsterdam: North-Holland Publishing Company 1968.
8. Schubert, H.: Topologie. Stuttgart: Teubner 1964.
9. Sternberg, S.: Lectures on Differential Geometry. New Jersey: Prentice Hall Inc. 1964.

Verzeichnis der Symbole

M^n	n-dimensionale Mannigfaltigkeit 1	f^*E	induziertes Bündel 27
		$\oplus$	Whitney-Summe 34
(h, U)	Karte 2	$\otimes$	Tensorprodukt 35
$\|x\|$	euklidischer Betrag 4	E^*	duales Bündel 35
$[x]$	Äquivalenzklasse, insb. homogene Koordinaten 5	o, o_x	Orientierung 35
		Λ^k	äußere Potenz 35
$[0,1], [0,1), (0,1)$	Intervall (abgeschl., halboffen, offen) 7	$\tilde{X}(E)$	Orientierungsüberlagerung 37
		$\perp X$	Normalbündel 39
$+$	differenzierbare Summe 8	$\overline{(\ )}, \bar{W}$	Abschluß 42
$\times$	differenzierbares (kartesisches) Produkt 9	Δ_M	Diagonale 44, 128
		$\|f\|_K$	Pseudonorm auf $C^\infty(M,N)$ 67
f^*	induzierte Abbildung 12, 14	Φ, Φ_t	lokaler Fluß 76
$\langle , \rangle$	Skalarprodukt 13	$\dot{\alpha}$	Geschwindigkeits-Vektor (Kurve, Feld) 78, 82
$\mathscr{E}$	Keime 14		
$\sim$	Äquivalenzrelation 14, 107	$\#$	Zusammenhängende Summe 101
$\bar{f}: (M,p) \to (N,q)$	Keim 14		
$\square$	Beweisende 15	$\underset{\alpha}{\cup}$	Verklebung mittels α 107
(E, π, X)	Vektorraumbündel 22	$\ddot{\gamma}$	114
E_x	Faser 23	∂	Rand einer Mannigfaltigkeit 138
f_x	Abbildung der Faser 22		
$E^\perp$	orthogonales Komplement 24	M/τ	Quotientenmannigfaltigkeit 143
$E\|X$	Einschränkung eines Bündels 25	$[f_1] \circ [f_2]$	Schnittzahl 161

Namen- und Sachverzeichnis

α_x Integralkurve 77
Abbildung, differenzierbare 3, 6
Ableitung, partielle 16
Äußere Potenz 35
allgemeine Lage 159
Alt^k Bdl. d. altern. k-Formen 35
Anfangsgeschwindigkeit 116
angle (straightening) 148
antipodische Abbildung 99
Approximation, differenzierbare 160
—, immersive 68
—, transversale 157f, 161
Atlas 2
— eines Bündels 28
—, differenzierbarer 3, 137
—, guter 64
—, maximaler 4
aufblasen 135

Bahn 77
Ballistik 116
Basis 23
Bein 56
berandend 149
berandete Mannigfaltigkeit 136ff
Bewegung 90
Bild 24
bordant 149
Bordismengruppe 150
Bordismenklasse 149
Brieskorn – Mannigfaltigkeit 56
Brown, Satz von 63
Bündel 22ff
—, Abbildung 28
—, Homomorphismus 23
—, induziertes 27

$\mathbb{C}$ komplexe Zahlen 11
$\mathbb{C}^n$ komplexer Vektorraum 11
C^∞ diffb. Kategorie 7
$C^\infty(M)$ diffb. Funktionenalgebra 7
$C^\infty(M, \mathbb{N})$ diffb. Abbildungen 7
$\mathbb{C}P^n$ kompl. proj. Raum 11
C^0-Topologie 69

D^n Vollkugel (Kugel, Disk) 4, 138
Df, Df_p Jacobimatrix (im Punkt p) 17
∂ Rand einer Mf. 138
Δ_M Diagonale 44, 128
$D_v, \partial/\partial x_v$ part. Ableitung 15f
Definitionsbereich eines lok. Flusses 81
Derivation 15
$det(\ )$ Determinante 12
Diagonale 44, 128
$Diff(\ )$ 77
Diffeomorphismus 3, 7
Diffeotopie 92ff
Differential 15, 31
Differentialgleichung 83
— 2. Ordnung 113ff
differenzierbar 3, 90, 137
—, Kategorie 7
—, Struktur 4
—, — von M/τ 144f
$dim(\ )$ 9
Dimension 9, 16
— eines Vektorbdls. 22, 29
Disk (Vollkugel) 4, 138
Diskbündel 130, 138
duales Bündel 35
dünn 58
dynamisches System 76ff

$\mathscr{E}(p), \mathscr{E}_n$ Ring von Keimen 14
εDE Diskbündel d. Länge ε 127
eigentlich 73
Einbettung 10, 50, 64 ff
—, Satz 73
—, — für kompakte Mf 63, 75
—, Isotopie einer 90 ff
— einer Isotopie in eine Diffeotopie 93 ff
Eindeutigkeitssatz für Differentialgl. 83
— — Einbettung des $\mathbb{R}^n$ 101
— — Kragen 141
— — Tubenumgebungen 131
Einschränkung eines Bündels 25
einseitig 134
endlicher Typ 154
Eulercharakteristik 162
Existenzsatz für Differentialgl. 83
— — Kragen 140
— — Riemannsche Metrik 42
— — Sprays 117
— — Tubenabbildungen 130
$exp(\ )$ e-Funktion 65
Exponentialabbildung 121 ff

Φ, Φ_t (lokaler) Fluß 76 ff
Faser E_x eines Bündels 23, 34
— einer Tubenumgebung 131
Faserprodukt 28, 57
Fehlschluß 126
Fixpunkt 54, 78, 88
fixpunktfreie Involution 11, 143, 152
Fläche 2. Ordnung 56
Fluß 76 ff
—, Linie 77
—, lokaler 80 ff, 85
Fubini, Satz 59
Funktoreigenschaft 12, 14
— des Differentials 15

Geometrisches Phänomen 159
geschlossen 139
Geschwindigkeits-Feld 82
—-Kurve 82
—-Vektor 82, 114
gewöhnliche Mannigfaltigkeit 137, 139
$GL(n, \mathbb{R})$ reelle lineare Gruppe 17
$GL_+(n, \mathbb{R})$ 44
Glättung des Winkels 148

global 36
—, Fluß 81
Glockenfunktion 66
Großkreis 120

$H(m,n)$ Milnormannigfaltigkeit 56
Halbraum 136
Höhenlinie 51
Hom 35
Homomorphismenbündel 35
homotop 128
Homotopie 113 f, 128
—, Gruppe 162
—, technische 160

Ideal, maximales 12, 20
identifizieren 107 f, 143
Immersion 49
—, Satz 68
immersiv 49
induziertes Bündel 27
nach innen weisen 140
innerer Punkt 138
Inneres 139
Integralkurve 77
Integration von Vektorfeldern 83
invariant gegen Kartenwechsel 3
Involution 11, 143 f, 152
Isomorphie 7
isotop 92
Isotopie 76, 90 ff
— linearer Abb. 105
—, Satz 93, 110

Jacobimatrix 17

$K(r)$ Kugel um 0 mit Rad.r 65
kanonisches Linienbündel 32, 135
Karte eines Bündels 23
— einer Mannigfaltigkeit 2
—, Gebiet 2
—, Wechsel 2
Keim 14
Kern 24
Kodimension 9
Kompaktifizierung 73

konvex 41
Koordinaten 8
—, homogene 12
Kragen 139ff, 148
—, Satz 140
kritisch 49
—, Wert 49
Kugel (Disk) 65, 138

$\Lambda^k(E)$ k-fache äußere Potenz 35
Lebesque – Maß Null 58
lineare
— Abbildung von Bündeln 28
— Gruppe 17
Linienbündel 44
—, kanonisches 32, 135
Lösungskurve 84
— einer DGL 2. Ordnung 115
lokal homöomorph 126
lokales Modell 136

m_n max. Ideal in δ_n 21
$m(p)$ max. Ideal in $\delta(p)$ 20
Mannigfaltigkeit, berandete 136
—, differenzierbare 3f
—, Riemannsche 40
—, topologische 1
Maß Null 58
$max\{\}$ Maximum 11
maximale Lösungskurve 84
Metrik 74
—, Riemannsche 38, 42, 114
Milnor-Mannigfaltigkeit 56
Möbiusband 12, 32

$\mathbb{N}$ natürliche Zahlen 64
$\mathfrak{N}_*, \mathfrak{N}_n$ Bordismengruppen 150
Normal 39
Normalbündel 39, 51
nullbordant 149
Nullmenge 58
Nullschnitt 26

o, o_x Orientierung 35
ℓ_ξ Definitionsb. d. Exponentialabb. 121
$O(n)$ Orth. Gruppe 39, 51
operieren 77

Orbit 77
Orientierung 35
— einer Mannigfaltigkeit 38
—, Überlagerung 37
Orthogonale Gruppe 39, 51

$P(E)$ proj. Bündel 135
π_n Homotopiegruppe 162
Partition der Eins 42, 66
periodisch 78, 88
Polarkoordinaten 147
Prä-Vektorraumbündel 29f
Produkt 8
— berandeter Mf. 146
Projektion 23
— einer Tubenumgebung 131
Projektiver Raum, komplexer 11
—, reeller 5
— — kan. Linienbündel 32, 135
— — Orientierung 44
Projektives Bündel 135
Pseudonorm auf $C'(U)$ 67

Quadrat 147
Quotientenbündel 35
Quotientenraum 107, 143

$\mathbb{R}$ reelle Zahlen 2
$\mathbb{R}^n$ euklidischer Raum 1
$\mathbb{R}^n_-$ eukl. Halbraum 136
Rand 138
— eines Produkts 148
Rang 45
—, Satz 46, 54
regulär 49
—, Wert 49f, 137
Retraktion 55, 134
rg, rg_p Rang 24, 45
Riemannsche Mannigfaltigkeit 40
— Metrik 38, 42, 114
$\mathbb{R}P^n$ reeller proj. Raum 5, 32, 44

S^n Sphäre 2, 4
$\Sigma^i(f)$ Singularitätenmg. 63
Sard, Satz 58ff

Schmidt, Orthonormalisierg. 39
Schnitt 26
—, Erweiterung 125
—, kanonischer 32
—, Zahl 161
schöne Umgebung 127
Schrumpfung 103f
singulär 49
Skalarprodukt 38
Sphäre 2, 4
Spray 113ff, 116, 158
stabil 44
sternförmig 88
Stiefel-Mf. 56
straightening the angle 148
Struktur, diffb. 4, 7
Submersion 49
submersiv 49
subordiniert 42
Summe, differenzierbare 8
— von Vektbdln. 34
— zusammenhgd. 101ff, 106

Tf, $T_p f$ Differential 15, 31
TM Tangentialbündel 31
$T_p M$ Tangentialraum 14
$T_p(N)_G$ 19
$T_p(N)_{Ph}$ 18
Tangentialabbildung 15
Tangentialbündel 30
Tangentialraum 13ff
— des Algebraikers 14
— — Geometers 19
— — Physikers 18
technische Isotopie 91
— Homotopie 160
Teilbündel 23
Tensorprodukt 35
tg Tangens 7
Thom 93, 150, 157
Torus 2, 9, 89
Totalraum 23
$Tr()$ Träger 42
(Tr_p) Transversalitätsbdg. 52
transversal 52f
—, Bedingung 52, 57
—, Satz 157f, 161
Träger 42
trennende Funktion 67, 161

trivial 23
— lokal 22
TTM Tangentialbdl. von TM 114
Tubenabbildung 129ff, 158
—, Existenz 130
Tubenumgebung 129ff
—, Eindeutigkeit 131
Typ, endl. eines Vektbdls. 154

$U(n)$ Unit. Gruppe 56
Übergangsfunktion 29
Umkehrfunktion 45
Unitäre Gruppe 56
universelle Eigenschaft, des induz. Bündels 28
— — des Produkts 9
— — der Summe 8
Unterbündel 23
untergeordnet 42
Untermannigfaltigkeit 9

V_n^k Stiefelmf. 56
Vektorfeld 31
—, Integration 83
Vektorraumbündel 22ff
—, differenzierbares 29
Verbiegen 76
Verdoppelung 146, 151
Verkleben 3, 107f, 145f
Viertelraum 146
Vollkugel (Kugel, Disk) 4, 65, 138

$W^{2n-1}(d)$ Brieskornmf. 56
Wegkeim 19
Whithney 68, 73, 153
—, Summe 34
Winkelglättung 148
Würfel 11
Wust 159

Z ganze Zahlen 70
Zerlegung der Eins 42, 66
Zusammenhängende Summe 101ff, 106
Zusammenkleben 3, 107f, 145f
Zusammensetzen von Isotopien 91
ZT 111

MIX
Papier aus verantwortungsvollen Quellen
Paper from responsible sources
FSC® C105338

If you have any concerns about our products,
you can contact us on
ProductSafety@springernature.com

In case Publisher is established outside the EU,
the EU authorized representative is:
Springer Nature Customer Service Center GmbH
Europaplatz 3, 69115 Heidelberg, Germany

Printed by Libri Plureos GmbH
in Hamburg, Germany